河南省农业广播电视学校　　　组编
河南省农民科技教育培训中心

主要农作物病虫害识别与防治

张桂兰　吴剑南　王　丽　主编

中原农民出版社
·郑州·

图书在版编目(CIP)数据

主要农作物病虫害识别与防治/张桂兰,吴剑南,王丽
主编.—郑州:中原农民出版社,2016.10(2018.5重印)
　ISBN 978-7-5542-1494-7

Ⅰ.①主… Ⅱ.①张… ②吴… ③王… Ⅲ.①作物-
病虫害防治 Ⅳ.①S435

中国版本图书馆 CIP 数据核字(2016)第 236443 号

出版:中原农民出版社

　(地址:郑州市经五路 66 号　　电话:0371-65751257

　　邮政编码:450002)

发行单位:全国新华书店

承印单位:河南安泰彩印有限公司

开本:787mm×1092mm　　　　1/16

印张:10.25

字数:212 千字

版次:2016 年 12 月第 1 版　　**印次:**2018 年 5 月第 2 次印刷

书号:ISBN 978-7-5542-1494-7　　　　**定价:**40.00 元

　　　本书如有印装质量问题,由承印厂负责调换

编委会

目　录

1

第一章
小麦主要病虫害识别与防治

据统计,全世界记载小麦病害有200多种,常发生造成危害的有20~30种,其中以黄矮病、锈病、白粉病、纹枯病、赤霉病、全蚀病、散黑穗病、叶枯病、根腐病和黄花叶病等病害对小麦生产威胁最大。我国已知的小麦害虫种类有11目、53科、237种,被列为防治对象的达20~57种,各小麦产区的害虫群落结构及其优势种群、危害特点均有所不同。其中黄淮麦区小麦主要害虫有小麦吸浆虫、蝼蛄、铜绿丽金龟、金针虫、麦蚜、麦蜘蛛、黏虫和灰飞虱等。

小麦病虫害的识别与防治应根据不同生态区域病虫害的发生特点,综合协调应用农业防治、化学防治和生物防治措施,充分发挥自然控制作用,将主要病虫害控制在经济允许的损失水平以下。

一、小麦主要病害识别与防治

(一)小麦黄矮病

麦类黄矮病是由麦蚜(主要是麦二叉蚜)传毒引起的一种病毒病,主要发生在大麦、小麦及燕麦上。在我国则以小麦上的危害较显著,故称小麦黄矮病。

1. 识别要点

(1)发病症状 小麦黄矮病主要表现为叶片黄化,植株矮化。典型症状是从新叶发病,由叶尖逐渐向叶基扩展变黄,黄化部分占叶片1/3~1/2,或出现与叶脉平行

小麦黄矮病

1

但不受叶脉限制的黄绿相间条纹。抽穗期发病仅旗叶发黄,植株矮化不明显,能抽穗,粒重降低。生理性黄化从下部叶片开始发生,整叶均匀发病。田间发病先出现中心病株,然后向四周扩展。

(2)发病规律　小麦黄矮病,主要发生于蚜虫重发年份,苗期蚜虫重就发生早,穗期蚜虫重就发生晚。在气温高、降水少的秋播期及升温早的早春期,均易发生黄矮病。

2.防治方法

(1)农业防治　选用抗病品种。

(2)化学防治　①种子处理。用70%吡虫啉可湿性粉剂30克,对水700毫升,可拌种10千克。②大田喷雾。及时防治蚜虫是预防黄矮病流行的有效措施。每亩可选用50%抗蚜威可湿性粉剂10克,对水30千克进行茎叶喷雾,或用10%吡虫啉可湿性粉剂1 500倍液、40%氧乐果乳油1 000倍液进行茎叶喷雾。

➡ 如在喷杀虫剂时加抗病毒剂和叶面肥效果更好。

小麦黄花叶病

小麦黄花叶病田间危害

(二)小麦黄花叶病

小麦黄花叶病是早春麦田近年来发生很快的一种病毒病害,且逐年加重。感病小麦植株矮化,穗小粒少,籽粒秕瘦。一般病田减产10%～50%,重者可减产60%～80%,甚至绝收。

1.识别要点

(1)发病症状　小麦黄花叶病染病后冬前不表现症状,第二年春季小麦返青才显症。发病初期,心叶上出现长短不等的褪绿条状斑,病情扩展后,多个条斑联合形成不规则的淡褐色条状斑块或斑纹,呈黄色花叶状。

(2)发病规律　小麦黄花叶病是土传病害,病毒靠病土、病根残体、病田流水自然传播,不能经种子、昆虫媒介传播,病毒可随休眠体在土中存活10年以上。土壤湿度较大,天气多雨易于发病。

黄花叶病病毒侵染的最适土温是15℃,病情发展的最适土温是5～15℃。土壤温度达20℃以上时病情停止发展。

2.防治方法

（1）农业防治　①选用抗病品种。②轮作换茬。对于病害发生重的田块，要与油菜、大麦轮作或种植经济类作物来减轻病害发生。③加强田间管理。对刚发病的田块，应及时追肥，以促进麦苗恢复生长，减少死苗和黄化程度，降低损失。

（2）化学防治　每亩可用25%菌毒清0.5千克进行茎叶喷雾，或每亩用尿素5千克或碳酸氢铵15千克于雨天撒施。

（三）小麦根腐病

小麦根腐病又称根腐叶斑病或黑胚病、青枯病，分布很广，尤其是多雨年份和潮湿地区发生更重。

1.识别要点

（1）发病症状　小麦根腐病在小麦各生育期均能发生。苗期形成苗枯，成株期形成茎基枯死、叶枯和穗枯。由于小麦受害时期、部位不同，症状表现也常常不同。小麦感染根腐病后，常造成叶片早枯，影响籽粒灌浆，降低千粒重。穗部感病后，可造成枯白穗，对产量和品质影响更大。种子带病率高，可降低发芽率，引起幼根腐烂，严重影响小麦的出苗和幼苗的生长。在干旱或半干旱地区，多产生根腐病症状。在潮湿地区，除根腐病症状外，还可发生叶斑、茎枯和穗颈枯死等症状。

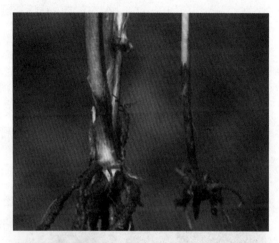

小麦根腐病

（2）发病规律　小麦根腐病的流行取决于品种抗性、气候条件和栽培管理等多种因素。地温高于15℃，根腐病易发生。成株期发病的主要因素是气温，其次是湿度。小麦开花期间平均气温在18℃以上、相对湿度80%以上时，根腐病发生较重。如生育后期高温多雨，也易发生大流行。

2.防治方法

小麦根腐病应从小麦出苗后根据麦苗长势，及时防病。一些农民对小麦根腐病的发病原因及造成的危害认识不足，直到麦苗拔节表现症状时才发现并防治，此时用药控制为时已晚。

3

（1）农业防治　①选用不带菌的小麦良种。②与非禾本科作物实行3年以上轮作。③麦收后及时翻耕灭茬。

（2）化学防治　①种子处理。播种前可用15%三唑酮可湿性粉剂按种子量的0.03%（有效成分）浸种24小时或用2.5%咯菌腈悬浮种衣剂按1∶500（药∶种）进行包衣，对苗期小麦根腐病防效达75%以上。②返青期防治。每亩可选用12.5%烯唑醇可湿性粉剂50克，对水50~70升浇灌茎基部。③穗期防治。每亩可选用50%多菌灵可湿性粉剂100克，或70%甲基硫菌灵可湿性粉剂100克、25%丙环唑乳油40毫升、25%三唑酮可湿性粉剂100克，对水50~70升喷雾，控制发病。

（四）小麦条锈病

小麦条锈病是全国性大区域流行病害。河南省常发生在南阳市、信阳市、驻马店市、漯河市和平顶山市、周口市南部。河南省小麦条锈病危害盛期为4月中旬至5月上旬，发生轻重主要受制于两个因素：一是外来菌源的多少，二是3月至5月上旬的降水量。

小麦条锈病

1.识别要点

（1）发病症状　小麦条锈病主要危害叶片，也可危害叶鞘、茎秆、穗部。夏孢子堆为小长条状，鲜黄色，椭圆形，在叶片上与叶脉平行排列，呈虚线状。

（2）发病规律　小麦条锈病病菌夏孢子能耐低温，不耐高温，一般旬平均温度超过23℃时即不能存活，因此在广大冬麦区不能越夏。气温高，降水多，湿度大，结露时间长，条锈病易大面积流行。

2.防治方法

（1）农业防治　①种植抗病品种。②适期播种，适当晚播，可减轻秋苗期条锈病的发生。③小麦收获后及时翻耕灭茬，清除自生麦苗。

（2）化学防治　①种子处理。用25%三唑酮可湿性粉剂120克或12.5%烯唑醇可湿性粉剂100~160克拌种100千克，拌匀后闷1~2小时再播种。②大田喷雾。大田病叶率达到0.5%时，每亩可用12.5%烯唑醇可湿性粉剂30~50克或25%三唑酮可湿性粉剂50~80克喷雾防治。重病田要进行二次喷雾。

(五)小麦叶锈病

小麦叶锈病一直是小麦的主要病害,属气传流行性病害,在早春低温持续时间较长,又有春雨的条件下发病重。近年呈上升趋势。

1. 识别要点

(1)发病症状   小麦叶锈病主要危害叶片,在叶鞘和茎秆上少见。夏孢子堆橘红色,比条锈病大,呈不规则散生,一般不穿透叶片,偶尔穿透叶片,背面的夏孢子堆也较正面的小。夏孢子堆表皮破裂后,形成冬孢子堆,黑色,圆形至长椭圆形,主要产生在叶背和叶鞘上。冬孢子堆表皮不破裂。

小麦叶锈病

(2)发病规律   小麦叶锈病一般因发生晚而危害轻,河南省危害盛期在5月,每年发生程度主要受3月下旬至5月的降水量直接影响。

2. 防治方法

(1)农业防治   ①选用抗病品种。②加强管理。

(2)化学防治   在没有抗病品种或者原有抗病品种已丧失抗锈性而又缺乏接班品种时,化学防治就成为大面积控制叶锈病流行的主要手段,同时也是以种植抗性品种防治为主要措施的必要补充。①种子处理。可用种子重量0.12%的25%三唑酮可湿性粉剂拌种,或用2%戊唑醇湿拌种剂10~15克,对水700毫升,拌种10千克,或2.5%咯菌腈悬浮种衣剂20毫升加3%苯醚甲环唑悬浮种衣剂100毫升,对适量水拌种10千克,能有效地控制麦苗发病,减少越冬病菌,并能兼治苗期叶锈病及各种黑穗病。②大田喷雾。在秋季和早春,田间发病,及时喷药控制。如果病叶率达到5%,严重度在10%以下,每亩可选用15%三唑酮可湿性粉剂50克或20%三唑酮乳油40毫升或25%三唑酮可湿性粉剂30克,对水50~70千克喷雾或对水10~15千克进行低容量喷雾。

(六)小麦白粉病

小麦白粉病是一种世界性病害,在各主产国均有分布,近年来该病有日趋严重之势。一般可造成小麦减产10%,严重的达50%以上。

小麦苗期白粉病

小麦拔节期白粉病

1. 识别要点

(1)发病症状　小麦白粉病菌斑白色,主要在叶片上,严重时叶鞘、麦芒上也会有菌斑。从植株下部向上部发展。

(2)发病规律　小麦白粉病是一种高发病害。河南省发生盛期为4月中下旬至5月上中旬。其中夏季凉爽,秋、冬季气温较高,春季升温早且阴雨日多的年份,白粉病发生较重。

2. 防治方法

(1)农业防治　①种植抗病品种。②雨后及时排水,防止湿气滞留;干旱适时浇水,使寄主增强抗病力。③冬小麦秋播前要及时清除掉自生麦。

(2)化学防治　①种子处理。用25%三唑酮可湿性粉剂120克拌种100千克,拌匀后堆闷1~2小时再播种;用2.5%咯菌腈悬浮种衣剂100~200毫升加3%苯醚甲环唑悬浮种衣剂300毫升,对水1 500毫升,拌种100千克,并堆闷3小时。兼治黑穗病、条锈病、根腐病和纹枯病。②大田喷雾。大田病叶率达10%以上时,每亩可用12.5%烯唑醇可湿性粉剂30~50克或25%三唑酮可湿性粉剂50~80克喷雾防治。

(七)小麦纹枯病

小麦纹枯病属土传性病害。近年来随着种植制度的改变、水肥条件的改善和耐密小麦新品种的推广与应用,发生程度也日趋严重。某些感病品种的发病率高达80%,已成小麦生产的一种重要病害,严重影响着小麦的产量和品质。

1. 识别要点

（1）发病症状　小麦各生育阶段均可受害,症状不同,主要侵染叶鞘和茎秆。染病小麦发芽后芽鞘变褐,严重时烂芽枯死。幼苗多在 3~4 叶期显症,叶鞘病斑边缘褐色,中部灰色,梭形或椭圆形,病株叶色枯黄,重病苗枯死。拔节后植株基部叶鞘病斑为中间灰白色、边缘浅褐色的云纹状斑,病斑扩大连片形成花秆,甚至烂茎。茎壁因此失水坏死,最后病株因养分、水分供不应求而枯死,形成枯株白穗。

小麦苗期纹枯病

小麦纹枯病病苗枯死

（2）发病规律　小麦播种后开始侵染,在田间的发生、发展可分为冬前发生期、越冬静止期、返青上升期、拔节盛发期和抽穗后白穗显症期 5 个阶段,侵染高峰期为冬前苗期和春季返青至拔节期。

2. 防治方法

（1）农业防治　①合理施肥。增施经高温腐熟的有机肥,不要偏施、过施氮肥,控制小麦旺长。②适期晚播,合理密植。③适当降低播种量,防止田间郁闭,避免倒伏。④合理浇水,雨后及时排水。

（2）化学防治　①种子处理。每 100 千克种子用 6% 戊唑醇悬浮种衣剂 50~70 毫升或用 2.5% 咯菌腈悬浮种衣剂 100~200 毫升对水 1 000~1 500 毫升混成均一药液,将药液倒在种子上,边倒边搅拌直至药液均匀附着在种子表面,或用专业包衣机进行种子包衣。②大田喷雾。小麦分蘖末期,病株率达 10%~15% 时,每亩用 20% 井冈霉素可湿性粉剂 30 克或 12.5% 烯唑醇可湿性粉剂 32~64 克或 30% 苯甲·丙环唑乳油 20~30 毫

7

升喷雾防治。

(八)小麦赤霉病

小麦赤霉病是小麦的重要病害之一,对小麦的危害影响主要有三个方面:一是减产,一般年份减产10%~20%,大流行年份超过50%;二是出粉率降低,种子发芽率下降,品质下降;三是病麦粒含有赤霉毒素,人、畜食用一定剂量后会导致中毒,尤其在小麦病粒率超过4%时,既不可食用,也不可用作牲畜饲料。

健粒与小麦赤霉病病粒比较(左健粒 右病粒)

1. 识别要点

(1)发病症状　小麦生长的各个阶段均能受害,以穗部为主。病菌最先侵染部位是花药,其次为颖片内侧壁。通常一个麦穗的小穗先发病,然后迅速扩展到穗轴,进而使其上部其他小穗迅速失水枯死而不能结实。侵染初期在小穗和颖片上产生水浸状浅褐色斑,渐扩大至整个小穗,直至小穗枯黄。湿度大时,病斑处产生粉红色霉层;空气干燥时病部和病部以上枯死,形成白穗,不产生霉层,后期其上产生密集的蓝黑色小颗粒。

小麦赤霉病

小麦赤霉病田间危害

(2)发病规律　扬花期是小麦最易感病的生育期。病害流行最为关键的因子是小麦扬花灌浆期的天气条件。扬花至灌浆期的降水天数、降水量和相对湿度是病害能否流行的主要指标。扬花至灌浆期阴雨天气越多,病害发生越重。如在小麦抽穗、扬花期有连续1~3天或以上阴雨天气,小麦赤霉病就有大面积发生的可能性。

2.防治方法

（1）农业防治　①选用抗病品种。应选用穗形细长、小穗排列稀疏、抽穗扬花整齐集中、花期短、残留花药少、耐湿性强的品种。②做好栽培避害。做到田间沟沟通畅，增施磷钾肥，促进植株健壮，防止倒伏、早衰。

（2）化学防治　小麦抽穗扬花期若天气预报有3天以上连阴雨天气，可用50%多菌灵可湿性粉剂100克，对水50千克喷雾。如喷药后24小时遇雨，应及时补喷。

（九）小麦全蚀病

小麦全蚀病在许多麦区均有发生。小麦感病后，分蘖减少，成穗率低，千粒重下降。发病越早，减产幅度越大。拔节前显病的植株，往往早期枯死；拔节期显病的植株，减产50%左右；灌浆期显病的植株，减产20%以上。

小麦全蚀病枯白穗

1.识别要点

（1）发病症状　小麦全蚀病是一种根部病害，只侵染麦根和麦茎基部1~2节。小麦抽穗后茎基部变黑，腐烂加重，呈"黑脚"状，叶鞘易剥落，内生灰黑色菌丝层，后期产生黑点状突起。

由于受土壤菌量和根部受害程度的影响，小麦全蚀病田间症状显现期不一。①分蘖期。地上部无明显症状，仅重病植株表现稍矮，基部出现黄叶。冲洗麦根可见种子根与地下茎变灰黑色。②拔节期。病株返青迟缓，黄叶多，拔节后期重病株

小麦全蚀病

矮化、稀疏，叶片自下向上变黄，似干旱、缺肥。拔起可见植株种子根、次生根大部分变黑。横剖病根，根轴变黑。在茎基部表面和叶鞘内侧，生有较明显的灰黑色菌丝层。③抽穗灌浆期。病株成簇或点片出现早枯白穗，在潮湿麦田中，茎基部表面布满条点状黑斑，形成"黑脚"。

（2）发病规律　小麦全蚀病是一种土传病害，施用带有病残体的未腐熟粪肥可传播

病害;田间浇水、翻耕犁耙等可导致病菌近距离扩散;病地连作、早播、土壤中严重缺磷或氮磷比例失调是全蚀病危害加重的重要原因之一;钙等其他营养元素缺失对病害发生也有一定的影响;沙土保肥水能力差,易于发病;偏碱性土壤发病重于中性或偏酸土壤;冬麦区冬季温暖,晚秋早春多雨发病重。

2. 防治方法

(1)农业防治 ①选用抗病品种。②轮作倒茬。实行稻、麦轮作,或与棉花、烟草、蔬菜等经济作物轮作,也可改种大豆、油菜、马铃薯等。

(2)化学防治 ①土壤处理。播种前每亩选用70%甲基硫菌灵可湿性粉剂2~3千克加细土20~30千克,均匀施入播种沟中进行土壤处理。②种子处理。每100千克种子用2.5%咯菌腈悬浮种衣剂100~200毫升或3%苯醚甲环唑悬浮种衣剂300毫升,对水1 000毫升混成均一药液,将药液倒在种子上,边倒边搅拌,直至药液均匀附着在种子表面或用专业包衣机进行种子包衣。

(十)小麦秆黑粉病

小麦秆黑粉病,俗称乌麦、枪杆、黑铁条,是小麦黑穗病的一种,属真菌病害。我国大部分麦区都有发生,近年小麦秆黑粉病在北方麦区有回升趋势。

小麦秆黑粉病

1. 识别要点

(1)发病症状 小麦秆黑粉病病菌侵染小麦幼芽,达到生长点以后就能随着小麦的生长,危害小麦的整个植株,包括茎、叶和穗等。病株明显矮化并严重扭曲,多数病株不能抽穗,有时抽出扭曲、畸形穗或卷曲在叶鞘内。

(2)发病规律 小麦秆黑粉病病菌以冬孢子团散落在土壤中或以冬孢子团黏附在种子表面及肥料中越冬或越夏,成为该病初侵染源。病菌还可随病株残体在土壤、粪肥中越冬,也可以随小麦种子、土壤和粪肥做远距离传播。小麦秆黑粉病病菌在收割和秸秆还田过程中散落到土中,可存活3~5年。

2. 防治方法

(1)农业防治 ①实行轮作。②选用抗病品种、精细整地、适当浅播、足墒播种、适时下种等促进小麦快出苗、出齐苗的措施都有防病作用。

（2）化学防治　提倡使用无病种子并配合实行药剂拌种或种子包衣措施。常年发病较重地区，每亩可选用25%腈菌唑乳油40～60毫升对水700毫升，拌种10千克。也可选用50%甲基硫菌灵可湿性粉剂200克、15%三唑酮可湿性粉剂120～200克、12.5%烯唑醇可湿性粉剂160～320克，对水4升，拌种100千克，都有较好的防治效果。

（十一）小麦散黑穗病

小麦散黑穗病，俗称黑疸、灰包等，在小麦产区普遍发生，一般田块发病率在1%～10%，严重田块发病率可达20%以上。

1. 识别要点

（1）发病症状　小麦散黑穗病主要危害穗部，病穗比健穗较早抽出。最初病穗外面包一层灰色薄膜，成熟后破裂，散出黑粉（厚垣孢子），黑粉被吹散后，只残留裸露的穗轴。

（2）发病规律　小麦散黑穗病是通过花器侵染的系统性病害，一年侵染1次，发病程度依上年病菌侵入多少而定。带菌种子是该病害传播的唯一途径。

小麦散黑穗病

小麦抽穗、扬花期间的气候，对散黑穗病的侵染有很大影响。风有利于病菌孢子的飞散和传播；大雨易将孢子淋落土壤中；空气干燥不利于病菌萌发。小麦扬花期，空气湿度大、多雾或经常下雨，则有利于病菌孢子的萌发和侵入。

2. 防治方法

（1）农业防治　①建立无病种子田。②拔除病株。③变温浸种。先将麦种用冷水预浸4～6小时，捞出后用52～55℃温水浸1～2分，使种子温度升到50℃，再捞出放入56℃温水中，使水温降至55℃后再浸5分，随即迅速捞出，经冷水冷却后晾干播种。④恒温浸种。把麦种置于50～55℃热水中，立刻搅拌，使水温迅速稳定至45℃，浸3小时后捞出，移入冷水中冷却，晾干后播种。

（2）化学防治　①石灰水浸种。用优质生石灰0.5千克，溶在50千克水中，滤去渣滓后静浸选好的麦种30千克。要求水面高出种子10～15厘米，种子厚度不超过66厘米，在气温20℃下浸3～5天，或在气温25℃下浸2～3天，或在气温30℃下浸1天。浸种以后不再用清水冲洗，摊开晾干后即可播种。②药剂拌种。可选用15%三唑酮可湿性粉或20%三唑酮乳油进行药剂拌种。用药量按药剂有效成分为种子重量的

0.03%计算,拌后堆闷6小时。还可用0.02%~0.04%(有效成分)烯唑醇拌种,可兼治小麦腥黑穗病及苗期的穗病和白粉病。

小麦腥黑穗病

(十二)小麦腥黑穗病

小麦腥黑穗病,又称腥乌麦、黑麦、臭黑疸。属世界性病害,对小麦产量影响极大,带病种子播种后将引起下一年小麦发病。一般可造成减产20%~30%,严重的减产50%以上,甚至绝收。病粒有毒,当病粒率超过3%时,人、畜不能食用,只能做焚烧或深埋处理。

1. 识别要点

(1)发病症状 小麦腥黑穗病病症主要表现在穗部,一般病株较矮,分蘖较多。病粒较健粒短粗,初为暗绿色,后变灰黑色或灰白色,外面包有一层灰色薄膜,内部充满黑色粉末(厚垣孢子),小麦脱粒时,病粒破裂,散出黑色粉末,有鱼腥味。

(2)发病规律 小麦腥黑穗病属幼苗侵入系统侵染性病害。病菌以厚垣孢子附着在种子外表或混入粪肥、土壤中越冬或越夏。当种子发芽时,厚垣孢子也随即萌发,从芽鞘侵入麦苗并到达生长点,后以菌丝体形态随小麦而发育,抽穗时在麦粒内形成菌瘿即病原菌的厚垣孢子。病原菌可随种子远距离传播,也可在麦糠、麦秸等病残体、粪肥以及土壤中存活。一般情况下,病菌能在土壤中存活6~7年。

2. 防治方法

(1)农业防治 严禁发病区域小麦留种和带病种子下田,同时要做好轮作倒茬和种子处理。加强栽培管理,适期播种,播种时用硫酸铵等速效化肥做种肥,减少发病。合理轮作,提倡施用酵素菌沤制的堆肥或腐熟的有机肥。

(2)化学防治 ①种子处理。每100千克麦种可选用2%戊唑醇干拌剂或湿拌剂100~150克或3%苯醚甲环唑悬浮种衣剂100~200毫升或2.5%咯菌腈悬浮剂100~200毫升进行药剂拌种。②土壤处理。对连作麦田进行土壤处理,每亩可选用70%甲基硫菌灵可湿性粉剂或50%多菌灵可湿性粉剂1~1.5千克,拌细土45~50千克,均匀撒在地面,然后翻耕入土。

二、小麦主要虫害识别与防治

（一）小麦地下害虫

危害小麦的地下害虫主要有蝼蛄、蛴螬、金针虫三种，主要发生在小麦秋苗期和返青后至灌浆期。

蝼蛄 蛴螬

金针虫及其危害

1. 识别要点

蝼蛄危害小麦可从播种开始直到翌年小麦乳熟期。在秋季危害小麦幼苗，以成虫或若虫咬食发芽种子和幼根嫩茎，使幼苗生长不良甚至枯死，并在土表穿行活动而造成隧道，使根土分离而缺苗断垄。

蛴螬幼虫危害小麦地下分蘖节处，咬断根茎使苗枯死。

金针虫以幼虫咬食小麦发芽种子和根茎，可钻入种子或根茎相交处，被害处不整齐呈乱麻状，形成枯心苗以致全株枯死。

2. 防治方法

（1）农业防治 ①深翻土地，精耕细作，可有效压低虫口密度15%~30%。②采用

13

合理耕作制度,适时调整茬口,进行轮作,有条件的可实行水旱轮作。③尽量施用腐熟有机肥,以减少蝼蛄、蛴螬等害虫。

(2)化学防治　①种子处理。每100千克种子用40%辛硫磷乳油100毫升,对适量水混成均一药液,将药液喷在种子上,边喷边翻拌直至混合均匀。②药液灌根。枯心苗率达3%时,用40%辛硫磷乳油800倍液灌根。

(二)小麦蚜虫

小麦蚜虫分布极广,几乎遍及世界各小麦产区。我国危害小麦的蚜虫有多种,通常以麦长管蚜和麦二叉蚜发生数量最多,危害最重。

1.识别要点

小麦自秋苗开始,直至收获,均有麦蚜危害产生,其中以穗期麦蚜种群数量最大,是危害的关键期。小麦穗期若遇高温,降水少,穗期蚜虫增殖迅速,群聚刺吸叶片汁液或在叶片表面产生蜜露,麦苗被害后,叶片枯黄,生长停滞,分蘖减少;后期麦株受害后,叶片发黄,麦粒不饱满,严重时麦穗枯白,不能结实,甚

小麦蚜虫穗期危害

至整株枯死。

2.防治方法

(1)农业防治　①合理布局。冬、春麦混种区尽量使秋季作物单一化,尽可能选种玉米或谷子等。②冬麦适当晚播,清除田内外杂草,实行冬灌。

(2)化学防治　①种子处理。每100千克种子用60%吡虫啉悬浮种衣剂200毫升,对水1 000毫升混成均一药液,将药液倒在种子上,边倒边搅拌,直至药液均匀附着在种子表面或用专业包衣机进行种子包衣。②大田喷雾。百穗有蚜500头时,每亩用20%丁硫克百威乳油30~40毫升或22%噻虫·高氯氟微囊悬浮剂10~15毫升或2.5%高效氯氟氰菊酯乳油20~24毫升,对水均匀喷雾。

(3)生物防治　保护并利用天敌。麦田中麦蚜的天敌种类较多,主要有瓢虫、食蚜蝇、草蛉、蜘蛛、蚜茧蜂等。当益害比为1:80或僵蚜率为30%时,应以利用天敌为主,不用或少用化学农药,尽可能避免在治蚜时杀伤天敌。

(三)小麦蜘蛛

小麦蜘蛛的发生主要分布于山东省、山西省、江苏省、安徽省、河南省、四川省、陕西省等地。常见的麦蜘蛛主要有两种，即麦长腿蜘蛛和麦圆蜘蛛。

1.识别要点

两种麦蜘蛛于春秋两季吸取麦株汁液,被害麦叶先呈白斑,后变黄,轻则影响小麦生长,造成植株矮小,穗少粒轻,重则整株干枯死亡。

麦蜘蛛在连作麦田以及杂草较多的地块发生严重,水旱轮作和收麦后深翻的地块发生轻。麦长腿蜘蛛的适温为 15~20℃,适宜湿度为 50% 以下,所以在秋雨少,春暖干旱,以及壤土、黏土麦田发生严重。麦圆蜘蛛的适温为 8~15℃,适宜湿度为 80% 以上。所以在,秋雨多,春季阴凉多雨,以及沙壤土麦田易发生严重。

2.防治方法

(1)农业防治　采用轮作倒茬,合理灌溉,麦收后深耕灭茬等措施降低虫源。

(2)化学防治　单行 600 头/米时,每亩用 15% 哒螨灵乳油 15~20 毫升或 1.8% 阿维菌素乳油 15~20 毫升,对水均匀喷雾。

小麦蜘蛛危害

(四)小麦吸浆虫

小麦吸浆虫为世界性害虫,广泛分布于全国主要小麦产区。我国的小麦吸浆虫主要有两种,即小麦红吸浆虫和小麦黄吸浆虫。

小麦红吸浆虫

小麦黄吸浆虫

小麦吸浆虫幼虫

小麦吸浆虫前蛹

小麦吸浆虫后蛹

收割机过后撒落在田中的吸浆虫

收割机斗内麦粒携带的吸浆虫

小麦吸浆虫病粒与健粒对比
（左病粒　右健粒）

16

1. 识别要点

小麦吸浆虫以幼虫潜伏在颖壳内吸食正在灌浆的麦粒汁液,造成秕粒、空壳。

2. 防治方法

(1)农业防治 ①选用抗虫品种。选择穗形紧密、内外颖毛长而密、麦粒皮厚、浆液不易外流的小麦品种。②轮作倒茬。与油菜、豆类、棉花和水稻等作物轮作,压低虫口数量。在小麦吸浆虫发生严重的大田及其周围,可实行棉、麦间作或改种油菜、大蒜等作物。

(2)化学防治 ①返青至抽穗前,羽化出土时每个样方(10厘米×10厘米×20厘米)5头时,每亩用35%硫丹乳油200~250毫升,拌20千克细土,拌匀撒施。②穗期,网捕(10复次)10~25头时,每亩用36%啶虫脒水分散粒剂25克或4.5%高效氯氰菊酯乳油15毫升,对水均匀喷雾。

第二章
玉米主要病虫害识别与防治

玉米病虫害种类繁多。全世界玉米病害有80多种,我国有30多种。其中,叶部病害10多种,根茎部病害6种,穗部病害3种,系统性侵染病害9种。主要病害有大斑病、小斑病、丝黑穗病、瘤黑粉病及纹枯病等。玉米虫害有50多种,常发性虫害有10多种,在苗期普遍受蛴螬、金针虫、蝼蛄和地老虎等地下害虫危害,生长季节还常受玉米蓟马、蚜虫、亚洲玉米螟和多种穗期害虫的严重危害。玉米不同生育阶段的病虫害种类也各有差异,在防治时,要明确主要病虫害发生规律,因地制宜地协调应用各种必要措施,才能有效地控制其危害。

一、玉米主要病害识别与防治

(一)玉米大斑病

玉米大斑病是玉米上的重要叶部病害。一般造成减产15%~20%,发生病害严重年份,减产可达50%。

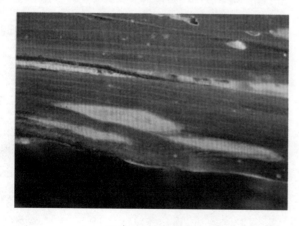

玉米大斑病初期

1. 识别要点

(1)发病症状 玉米大斑病主要危害玉米叶片、叶鞘和苞叶。叶片染病后出现水浸状青灰色斑点,沿叶脉向两端扩展,形成青灰色大斑。后期病斑常纵裂,严重时病斑融合,叶片变黄枯死。

(2)发病规律 玉米大斑病病菌可附在病残组织内越冬,成为第二年的初侵染源,种子也能带少量病菌。还可由初侵染源侵染所致病

玉米大斑病后期

斑产生分生孢子,借气流传播进行再侵染。病害流行与玉米品种的感病程度和环境条件关系密切。气温适宜,又遇连续阴雨天,病害发展迅速,易大流行。氮肥不足发病较重。低洼地、种植密度过大、连作地,易发病。

2. *防治方法*

(1)农业防治 ①种植抗病品种。②玉米收获后,彻底清除田间病残株。③土壤深耕高温沤肥,杀灭病菌。④施足底肥,增加磷肥,重施喇叭口肥,及时中耕灌水。

(2)化学防治 玉米抽雄前后,当田间病株率达70%、病叶率达20%时,每亩用30%苯甲·丙环唑乳油15毫升或25%吡唑醚菌酯乳油30毫升或45%代森铵水剂40毫升,对水均匀喷雾。

(二)玉米丝黑穗病

玉米丝黑穗病又称乌米、哑玉米,一般年份发病率达2%~8%,个别地块发病率可达60%~70%。

1. *识别要点*

(1)发病症状 玉米丝黑穗病是幼苗侵染的系统性病害,其症状有时在生长前期就有表现,但典型症状一般到穗期出现。雄性花器感病后变形,雄花基部膨大,内为一包黑粉,不能形成雄穗。受害雌穗变短,基部粗大,除苞叶外,整个果穗为一包黑粉和散乱的丝状物。

(2)发病规律 土壤和粪肥的带菌量以及土壤的温度、湿度条件是影响玉米丝黑穗病发生的最重要因素。土壤温度较低并且比较干燥时,玉米出苗迟缓,增加了病菌侵染的机会,有

玉米丝黑穗病

19

利于玉米丝黑穗病的流行。

2.防治方法

（1）农业防治　①选用抗病品种。②精细整地，适当浅播，足墒下种，提高植株的抗病能力。③采用地膜覆盖技术，地膜覆盖可提高地温，保持土壤水分，使玉米出苗和生育加快，从而减少发病机会。④拔除病株和摘除病瘤。

（2）化学防治　种子处理。每100千克种子用3%苯醚甲环唑悬浮种衣剂400毫升或6%戊唑醇悬浮种衣剂200毫升，对水1 000毫升混成均一药液，将药液倒在种子上，边倒边搅拌直至药液均匀附着在种子表面。

（三）玉米粗缩病

玉米粗缩病是由灰飞虱传播玉米粗缩病毒（MRDV）引起的一种病毒病，是中国玉米生产区流行的重要病害。

玉米粗缩病

玉米粗缩病田间危害

1.识别要点

（1）发病症状　玉米整个生育期都可感染发病，以苗期受害最重。玉米植株5~6片叶即可显症，开始在心叶基部及中脉两侧产生透明的油浸状褪绿虚线条点，逐渐扩及整个叶片。病苗浓绿，叶片僵直，宽短而厚，心叶不能正常展开，病株生长迟缓、矮化，叶色浓绿，节间粗短。至玉米植株9~10叶期，病株矮化现象更为明显，上部节间短缩粗肿，顶部叶片簇生，病株高度不到健株的一半，多数不能抽穗结实，个别雄穗虽能抽出，但分枝极少，没有花粉。

（2）发病规律　玉米粗缩病由灰飞虱以持久性方式传播。水肥不足，有机肥施入偏少，植株生长不良，免疫力减弱，也易于发病。

2. **防治方法**

(1) 农业防治　①选用抗病品种。②清除田边、沟边杂草,精耕细作,以减少虫源。③适当调整玉米播期,使玉米苗期错过灰飞虱的传播盛期。④加强田间管理,及时追肥浇水,提高植株抗病力。⑤结合间苗定苗,及时拔除病株,以减少病株和毒源,严重发病地块及早改种豆科作物或甜玉米、糯玉米等。

(2) 化学防治　①种子处理。用内吸杀虫剂对玉米种子进行包衣和拌种,可以有效防治苗期灰飞虱,减轻粗缩病的传播。每100千克玉米种子用70%噻虫嗪种子处理可分散粉剂200克,对水1 000毫升充分搅拌溶解后,均匀包衣。②大田喷雾。防治灰飞虱,每亩用10%吡虫啉可湿性粉剂15克,对水均匀喷雾,或用4.5%高效氯氰菊酯乳油30毫升或48%毒死蜱乳油60~80毫升,对水均匀喷雾;防治粗缩病,每亩用5%氨基寡糖素75~100毫升喷雾。

(四)玉米苗枯病

苗枯病是玉米的一种重要的苗期病害,由轮枝镰孢菌、串珠镰刀菌、禾谷镰孢菌、玉米丝核菌等多种真菌单独或复合侵染引起,是苗期玉米根部或近地茎组织腐烂的总称。重病团发病率高达30%~40%,有的田块发病严重会引起缺苗断垄,甚至毁种。

玉米健苗　　　　　　　　　　玉米苗枯病病苗

1. **识别要点**

(1) 发病症状　玉米苗枯病从2叶1心期便可表现症状,主要发生在玉米生长4~7叶期。①种子发病。先在玉米种子根和根尖处开始产生褐变,后扩展到整个根系,拔起病株,在根部发病部位有时出现白色、灰白色或粉红色霉状物,即病原菌分生孢子梗和分生孢子。②叶片发病。玉米叶鞘变褐色撕裂,叶片变黄,叶缘出现黄褐色枯死条斑,呈枯

21

焦状,心叶卷曲易折。从下至上叶片逐渐干枯,无次生根的则死苗,有少量次生根的形成弱苗。危害轻的幼苗地上部无明显症状。严重的个别叶片或植株出现萎蔫,3～5天后叶片变青灰色或黄褐色直至枯死。

(2)发病规律 玉米苗枯病初侵染源多,发病原因比较复杂,主要有:①病残体和土壤带菌。②种子带菌。③肥料带菌。④土壤湿度大。⑤阴雨天较多,发病率高。

2. 防治方法

(1)农业防治 ①选用抗病品种。②轮作倒茬。③深翻灭茬,平整土地。④合理施肥,加强栽培管理,增施腐熟的有机肥料。⑤适量育苗移栽补苗,解决因苗枯病形成的缺苗断垄。

(2)化学防治 ①种子处理。播前1周,用50%多菌灵可湿性粉剂800倍液或40%二氯异氰尿酸钠600倍液浸种40分,晾干后播种。②大田喷雾。田间出苗后发现有萎蔫病叶或个别病株时,应喷药防治。可选用72%霜脲氰·锰锌可湿性粉剂600倍液喷洒均匀。

(五)玉米矮花叶病

玉米矮花叶病,又叫花条纹病、黄绿条纹病,在玉米整个生长期均可感病,以苗期受害最重。一般可造成玉米减产5%～10%,流行年份可造成大面积严重减产,是玉米生产上的重要病害之一。

玉米矮花叶病

玉米矮花叶病田间危害

1. 识别要点

(1)发病症状 玉米植株1～2片叶时可出现症状,7片叶前后发病最重。最初在幼嫩的心叶基部叶脉间出现许多椭圆形褪绿小点或斑纹,沿叶脉排列成断续的、长短不一的条纹斑。随着病情发展,症状逐渐扩展至全叶,在粗脉之间形成几条长短不一、颜色深浅不同的褪绿条纹,脉间叶肉失绿变黄,叶脉仍保持绿色,因而又被称为花叶条纹病。随着玉米生长,病情逐渐严重,病叶叶绿素减少,叶色变黄,从叶尖叶缘开始逐渐出现紫红色条纹,最后干枯。病株黄弱瘦小,生长缓慢,株高常不到健株的1/2。

(2)发病规律　玉米矮花叶病病原物为玉米矮花叶病毒(MDMV),由蚜虫传播。蚜虫在带毒越冬寄主上吸毒后,迁飞到玉米上取食,在田间进行再侵染传播。

2.防治方法

(1)农业防治　①选用抗病品种。②调节播期,使幼苗期避开蚜虫迁飞高峰期,尤其是夏玉米早播防病效果最好。③加强田间管理,及时中耕除草,结合间苗、定苗,及时拔除病株,彻底清除田间杂草,消灭带毒寄主,减少侵染源。

(2)化学防治　①治蚜防病。在矮花叶病常发区,可用内吸杀虫剂包衣,以控制出苗后的蚜虫危害。在玉米播种后出苗前和定苗前,每亩用10%吡虫啉可湿性粉剂30克加5%菌毒清水剂100毫升喷雾,既杀虫,又起到一定减轻病害的作用。②病害防治。发病初期,喷0.02%硫酸锌与0.2%尿素混合液,可降低损失。可用20%盐酸吗啉胍·铜可湿性粉剂或7.5%菌毒·吗啉胍水剂对水喷雾防治。

(六)玉米灰斑病

玉米灰斑病又称尾孢菌叶斑病,玉米生育后期,植株染病,叶面布满了病斑,使叶片提早枯死,从而影响产量。重病地块玉米植株叶片大部分变黄枯焦,果穗下垂,籽粒松脱干瘪,百粒重下降,严重影响产量和品质。

玉米灰斑病

1.识别要点

(1)发病症状　玉米灰斑病主要危害叶片,也可侵染叶鞘和苞叶。一般发生在玉米成株期叶片上,叶片上典型病斑长方形,大小为(10~20)毫米×(2~4)毫米,黄褐色、灰褐色或褐色,边缘有或无晕圈。这些条斑与叶脉平行延伸,病斑中间灰色。

（2）发病规律　玉米灰斑病为真菌性病害。以菌丝体、子座在病残体上越冬，翌春产生分生孢子，借风雨传播、侵染。6～7月遇适宜温湿度时，产生分生孢子，借气流传播到田间玉米植株上，从叶片气孔侵入，引起发病。

2. **防治方法**

（1）农业防治　种植抗病品种，玉米收获后及时深翻或清除病残体，以减少菌源数量。

（2）化学防治　在玉米开花授粉后或发病初期及时喷药防治，每隔7天喷1次，连续喷2～3次。可用25%丙环唑乳油2 000倍液或80%福美双水分散粒剂800倍液或75%百菌清可湿性粉剂300～500倍液等药剂喷雾防治。

（七）玉米锈病

玉米锈病为玉米生长中后期的病害，感病玉米植株干枯、籽粒不饱满，轻者减产20%左右，重者达30%。

玉米锈病

1. **识别要点**

（1）发病症状　玉米锈病主要侵害玉米叶片，严重时可侵染苞叶、雌穗和雄穗。发病初期，在受害部位初为乳白色、淡黄色，后变为黄褐色至红褐色的夏孢子堆。玉米锈病发生严重时，叶片上布满孢子堆，造成大量叶片干枯。

（2）发病规律　玉米锈病的发病是由外来病菌引起的。借气流传播，一个生长季节可多次再侵

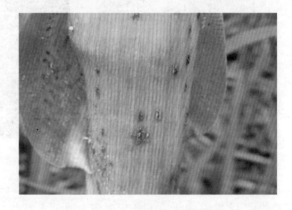

玉米锈病

染，引起病害在田间流行。田间发病时，先从植株顶部开始向下扩展。高温有利于孢子

的存活、萌发、传播、侵染。地势低洼,种植密度大,通风透气差,发病严重。

2. 防治方法

玉米锈病的防治采取以选用抗病品种为主、化学防治为辅的综合防治措施。

(1)农业防治　①种植优良抗病的杂交种。②合理施肥。采用配方施肥,施磷肥、钾肥,避免偏施氮肥,以提高植株的抗病性。③栽培措施。适当早播,合理密植,中耕松土,浇适量水,创造有利于作物生长发育的环境,提高植株的抗病能力,减少病害的发生。

(2)化学防治　在玉米锈病的发病初期,可选用25%三唑酮可湿性粉剂1 000～1 500倍液或12.5%烯唑醇可湿性粉剂3 000倍液或65%代森锌可湿性粉剂500倍液或30%氟菌唑可湿性粉剂2 000倍液或40%氟硅唑乳剂9 000倍液等喷雾防治,隔10天左右喷1次,连续防治2～3次。

(八)玉米褐斑病

玉米褐斑病,又称玉米节壶菌病,是近年来严重危害玉米产量的一种真菌性病害,整个玉米生长期均可发病,一般从6叶期开始到抽穗期为显症高峰,对产量影响不明显。

玉米褐斑病田间危害

玉米叶鞘上的褐斑病病斑

玉米褐斑病　　　　　　　　　　　　　　玉米褐斑病田间危害

1. 识别要点

（1）发病症状　玉米褐斑病主要危害叶片、叶鞘和茎秆,以叶片和叶鞘交接处病斑最多,常密集成行,严重时也侵害茎节和苞叶。叶片发病,病斑从叶鞘开始发生,随后向叶片基部蔓延,茎上病斑多发生于节的附近,遇风易倒折。

（2）发病规律　玉米褐斑病造成病害的原因主要有两个:一是在玉米生长中后期（7~9月）高温（23~30℃）、高湿（相对湿度85%以上）的天气条件;二是偏施氮肥,忽视了磷钾肥的施用,造成玉米植株磷、钾元素的缺乏。

2. 防治方法

（1）农业防治　①选用抗病品种。②减少菌源。彻底清除田间病残体,深耕深松,减少病源初侵染来源;不用病株做饲料或沤肥,或者在病株充分腐熟后再施入田间。重病区应与其他作物实行2~3年轮作。生长期如发现病株应及时拔除,并带出田间处理。③施足基肥。在合理追肥的同时,适时浇水,并及时中耕除草,可促进玉米植株健壮生长,增强抗病能力,又能消灭寄主,减轻病害。栽植密度要适当,不要随意加大密度,

（2）化学防治　应注意提早预防,在玉米4~5片叶期,每亩用25%的三唑酮可湿性粉剂1 500倍液叶面喷雾,另外,50%异菌脲可湿性粉剂1 500倍液或12.5%烯唑醇可湿性粉剂1 000倍液或50%多菌灵可湿性粉剂500倍液或80%代森锌可湿性粉剂300倍液或20%萎锈灵乳油600倍液,均可预防玉米褐斑病的发生。为了提高防治效果,可在药液中适当加些叶面宝、磷酸二氢钾、尿素等叶面肥,结合追施速效肥料,既可控制病害的蔓延,促进玉米植株健壮生长,又可提高玉米抗病能力。

（九）玉米顶腐病

玉米顶腐病是近年来出现的一种新病害。在玉米整个生长期均可侵染发病,前期症

状易与玉米生理性病害、虫害、玉米黑穗病及某些缺素症混淆,应注意识别与防治。

玉米顶腐病(茎基部有褐色病变)

玉米顶腐病田间危害(矮化)

1. 识别要点

(1)发病症状　①苗期发病。受侵染的玉米,在出苗至5~7叶期,由于根系弱,幼苗生长慢,病害暂时潜伏,不表现症状。从外部看,主要表现为部分植株生长缓慢,与营养不足相似。有的叶片边缘失绿,出现黄色条斑,叶片皱缩、扭曲。重病苗可见茎基部变灰、变褐、变黑而形成枯死苗。②拔节初期发病。病害快速发展,在8~11叶期开始表现症状。有的植株髓部呈褐色,出现空洞,刮风时容易折倒。③抽穗期发病。主要表现为植株矮小,顶部叶片短小,心叶及喇叭口顶部几片叶黄化干枯,玉米雄穗不能抽出或抽出的雄穗短小无花粉。发病严重的雌、雄穗败育、畸形,不能抽穗或形成空秆。

(2)发病规律　玉米顶腐病病原为串珠镰孢菌霉亚菌黏团变种引起。病菌在种子萌发出土时就侵染幼苗。病原菌一般从伤口或茎节、心叶等幼嫩组织侵入,蓟马、蚜虫等虫害的危害会加重病害发生。高温、高湿气候条件易发生,玉米喇叭口期遇到持续高温也易发病。

2. 防治方法

(1)农业防治　及时中耕,排湿提温,消灭杂草,防止田间积水,以增强植株抗病能力。

(2)化学防治　①种子处理。播前可选用种子重量0.3%的75%百菌清可湿性粉剂或50%多菌灵可湿性粉剂或15%三唑酮可湿性粉剂或70%甲基硫菌灵可湿性粉剂等拌种。②在玉米植株5~6叶期间定苗后,若发现田间有中心病株,可选用12.5%烯唑醇可湿性粉剂1 200倍液或70%氢氧化铜可湿性粉剂2 000倍液或58%甲霜灵·锰锌可湿性粉剂1 000倍液等喷雾或滴心,也可以混加锌肥以增强植株抗病性。

玉米茎基腐病田间危害

(十)玉米茎基腐病

玉米茎基腐病,又称青枯病、萎蔫病、茎腐病,是成株期茎基部腐烂病的总称,属世界性病害,是我国玉米产区普遍发生的一种重要土传病害。一般年份发病率10%~20%,严重年份发病率20%~30%,减产25%~30%。玉米茎基腐病在乳熟后期,常突然成片萎蔫死亡,因枯死植株呈青绿色,故又称青枯病。

1. 识别要点

(1)发病症状　玉米茎基腐病在玉米灌浆期开始发病,乳熟末期至蜡熟期进入显症高峰。青枯型叶片自下而上萎蔫,迅速枯死,叶片灰绿色,水烫状。黄枯型叶片变黄而死,该型多见于抗病品种,茎基局部软腐。

(2)发病规律　玉米茎基腐病是土传病害,各气候条件下均可发病,病菌随病残体在土表过冬,病菌可以从植株气孔或伤口或叶鞘基部侵入,并迅速扩展,也可以靠种子传播。尤其在玉米灌浆期到蜡熟期多日阴天后突然转晴,可造成茎基腐病大流行。30℃高温、高湿、田间空气不流通、地势低洼、土壤排水不良时发病重。

2. 防治方法

(1)农业防治　①选用根系发达的耐病品种。②适期晚播,实行轮作倒茬,加强健壮栽培,合理密植,科学施肥,增施农家肥和钾肥。在玉米拔节期增施氮磷钾复合肥,增强植株的抗病性,减轻发病。③及时拔除重病株,清除田间病残植株,深翻、深埋或集中

玉米茎基腐病

烧毁,可避免病害传播,并减少侵染来源。茎基部发病时,可及时将周围的土扒开,降低湿度,减少侵染,待发病盛期过后再培好土。此外,每亩用硫酸锌1.2~2千克做种肥可减轻病害。

(2)化学防治 ①种子处理。可用25%三唑酮可湿性粉剂100~150克,对适量水,拌种50千克或采取种子包衣,可有效减轻茎基腐病的发生。用增产菌按种子重量0.2%拌种也有一定的防效。②大田喷雾。发病初期喷根茎,每亩可用50%腐霉利可湿性粉剂1 500倍液或1.5%井冈霉素水剂50~75毫升,每隔7~10天喷1次,连喷2~3次。此外,每亩用40%菌核净可湿性粉剂800~1 000倍液喷雾,效果也很好。

(十一)玉米细菌性茎腐病

玉米细菌性茎腐病又称烂腰病、烂茎病。

玉米细菌性茎腐病田间危害

玉米细菌性茎腐病

1. 识别要点

(1)发病症状　玉米细菌性茎腐病主要危害中部茎秆和叶鞘,玉米10多片叶时,叶鞘上初现水渍状腐烂,病组织开始软化,散发出臭味。叶鞘上病斑不规则形,边缘浅红褐色,病、健组织交界处水渍状尤为明显。湿度大时,病斑向上下迅速扩展,严重时植株常在发病后3~4天病部以上倒折,溢出黄褐色腐臭菌液。由于维管束未被侵染,病株尚能在几天内保持绿色,这是细菌性茎腐病的主要特征。

(2)发病规律　玉米细菌性茎腐病病原为欧文氏菌玉米专化型、玉米假单胞杆菌,属细菌。病菌可在土壤中病残体上越冬,翌年从植株的气孔或伤口侵入。玉米植株60厘米高时,组织柔嫩易发病,害虫危害造成的伤口利于病菌侵入,高温、高湿利于发病。此外,害虫携带病菌同时起到传播和接种的作用,如玉米螟、棉铃虫等虫口数量大则发病重。

2. 防治方法

(1)农业防治　①选用抗病品种。②轮作换茬。③使用包衣种子。种子包衣剂中含有杀菌成分及微量元素,既能抵抗病原菌侵染,又能促进幼苗生长,增强抗病能力。种衣剂用量为种子量的1/50~1/40。④收获后及时清洁田园。将病残株妥善处理,减少菌源。加强田间管理,采用高畦栽培,严禁大水漫灌,雨后及时排水,防止湿气滞留。必要时于发病初期剥开叶鞘,在病部用熟石灰1千克,对水5~10千克涂刷。⑤施用锌、钾肥,玉米幼苗期每亩用锌肥1.5~2千克、钾肥10~15千克,混合后穴施于玉米茎基部7~10厘米处。

(2)化学防治　①及时治虫防病。苗期开始注意防治玉米螟、棉铃虫等害虫,及时喷洒50%辛硫磷乳油1 500倍液。②在玉米喇叭口期,喷洒25%叶枯灵可湿性粉剂或20%叶枯净可湿性粉剂加60%甲霜铜可湿性粉剂或58%甲霜灵·锰锌可湿性粉剂600倍液有预防效果。③在茎腐病发病后,马上喷洒5%菌毒清水剂600倍液或72%硫酸链霉素可湿性粉剂4 000倍液或77%氢氧化铜可湿性粉剂500倍液等。④在玉米灌浆初期,用3%甲酚·愈创木酚可溶性乳剂1 000~1 500倍液加75%百菌清可湿性粉剂1 000倍液,混合喷施或灌苞,可提高预防率85.6%~88.7%。

（十二）玉米瘤黑粉病

玉米瘤黑粉病,俗称黑瘤子、瘤黑粉病,是一种世界性玉米病害,从苗期至抽穗期均可发生,拔节后期至开花期发病较重。一般发病率在50%左右,发病严重的地块可高达60%以上。近年来,随着玉米种植面积连作扩大、重茬地块增多、旱涝交替、气候异常等因素影响,玉米瘤黑粉病的发生呈加重趋势。

1. 识别要点

(1)发病症状　玉米瘤黑粉病是局部侵染的病害,在玉米整个生育过程中陆续发病,植株的气生根、茎叶、叶鞘、腋芽、雄花及果穗等的幼嫩组织均可发病,产生大小不

一、形状不同的肿瘤(典型特征),幼嫩病瘤肉质白色,软而多汁,外面包有寄主表皮形成的薄膜。随着病瘤的增大和瘤内冬孢子的形成,颜色由浅变深,略带浅紫红色,质地由软变硬,最后薄膜破裂,裂散出大量的黑褐色粉末(病菌的厚垣孢子),因此得名瘤黑粉病。

玉米瘤黑粉病

玉米瘤黑粉病田间危害

(2)发病规律　玉米抽雄前后如遇干旱,常造成细胞膨压降低,抗病力变弱,易于玉米瘤黑粉病病菌的侵染。一般在高温、高湿、重茬、玉米螟危害严重和玉米植株机械损伤较多的地块发病率较高,连作田、高氮肥密植田往往发病较重。

2.防治方法

(1)农业防治　①选用抗病强的品种。②在玉米植株病瘤尚未成熟前及早把病株割除,经常进行检查,发现病瘤及早割除,并用小刀刮平病瘤底盘,涂上稀泥,可消灭病源,照常结实。③实行3年以上的轮作制,以减少病菌侵染机会。④及时防治虫害,如玉米螟、蓟马、蚜虫等,减少由于虫害而造成的伤口侵染机会。⑤合理施肥。适当施用磷钾肥,增强抗病力。

(2)化学防治　①拌种。用50%福美双可湿性粉剂以种子重量的0.2%拌种,也可用玉米种衣剂包衣后再播种,使孢子不能侵染,从而不发病。②浸种。用0.1%乙基大蒜素浸种48小时。③在玉米抽雄前10天左右,用50%的福美双可湿性粉剂500~800倍液进行喷雾,可减轻黑粉病的再侵染。由于玉米瘤黑粉病初侵染时间长,而药剂残效期短,所以玉米生育期喷药防治效果往往不太理想。

(十三)玉米疯顶病

玉米疯顶病,又称丛顶病、霜霉病,多发生在温带和暖温带地区,是一种突发性、毁灭性玉米病害,玉米受害率轻者可减产15%~20%,重者可达50%。感病后95%以上的病株不结实,可基本造成绝收,对玉米生产影响很大。

1. 识别要点

（1）发病症状　玉米疯顶病苗期病株呈淡绿色,叶片皱缩,凸凹不平;部分病菌畸形,上部叶片扭曲或呈牛尾巴状。雄穗畸形,果穗变异,叶片畸形。

（2）发病规律　玉米疯顶病是系统侵染的病害。玉米幼芽期是适宜的侵染时期,病原菌通过玉米幼芽鞘侵入,在植株体内系统扩展而发病。病株种子带菌,可以远距离传病,成为新病区的初侵染菌源。

2. 防治方法

（1）农业防治　①选用抗病品种,严禁从疫区调种引种。②与非禾本科

玉米疯顶病

作物如棉花或豆类轮作,玉米收获后及时清除田间病残体,深翻土壤,促进病残体腐烂。③加强田间管理。播种后至5叶期,严格控制田间土壤湿度,及时松土,增施有机肥,玉米收获后彻底清除并销毁病田的病残体。

（2）化学防治　①在播种前选用杀菌剂进行拌种,如用58%甲霜灵·锰锌可湿性粉剂或4%恶霜灵可湿性粉剂,以种子重量的0.4%拌种,均有一定的防治效果。湿拌时应先将药剂调配成药液再拌种。②苗期预防可用1:1:150的波尔多液喷雾2~3次。发病初期,每亩用60%氟吗啉·锰锌可湿性粉剂100克对水50千克混匀喷雾,或选用90%三乙膦酸铝可湿性粉剂400倍液喷雾。

二、玉米主要虫害识别与防治

（一）玉米地下害虫

1. 识别要点

玉米地下害虫主要包括蛴螬、金针虫、蝼蛄、地老虎等。地下害虫咬食玉米种子、幼芽和根系,造成玉米缺苗断垄,一般缺苗10%以上,严重时全田毁苗,对玉米产量影响很大。

32

蛴螬幼虫 蛴螬成虫

地老虎幼虫 地老虎成虫 蝼蛄

金针虫成虫(上)和幼虫(下) 金针虫危害

2. **防治方法**

(1)农业防治　及时清除玉米苗基部麦秸、杂草等覆盖物,消除其发生的有利环境条件。一定要把覆盖在玉米垄中的麦糠麦秸全部清除到远离植株的玉米大行间并裸露出地面。

(2)化学防治　种子处理。每100千克种子用70%吡虫啉水分散粒剂100~200克或70%噻虫嗪种子处理可分散粉剂100~200克,对水1 000毫升混成均一药液,将药液倒在种子上,边倒边搅拌直至药液均匀附着在种子表面,可兼治蚜虫、灰飞虱。

(二)玉米螟

玉米螟是危害玉米的主要害虫,严重影响玉米的产量和品质。主要分布于北京及河北省、河南省、四川省、广西省等省市和东北地区。各地的春、夏、秋播玉米都不同程度受害,尤以夏播玉米最为严重。一般年份可减产5%~10%,严重年份可减产10%~30%。

玉米螟幼虫

玉米螟成虫

1. **识别要点**

玉米螟在玉米心叶期以幼虫取食叶肉或蛀食未展开的心叶,可造成植株“花叶”;在玉米抽穗后钻蛀茎秆,使雌穗发育受阻而减产,蛀孔处易折断;幼虫在穗期直接蛀食雌穗、嫩粒,造成籽粒缺损、霉烂,降低品质和产量。

2. **防治方法**

(1)农业防治　玉米螟幼虫大多数在玉米秆、玉米穗轴芯中越冬,春季化蛹。所以,采取秸秆还田、沤肥或做饲料,力争在4月底前就地将玉米秸秆处理完毕,可有效降低虫口密度,减轻田间危害。

(2)化学防治　①心叶期田间被害株率10%以上时,每亩用3%辛硫磷颗粒剂250

克加细沙土 5 千克施于心叶内防治;穗期虫株率 10% 时,可用 90% 晶体敌百虫 800 倍液滴灌果穗。②大田喷雾。每亩用 20% 氯虫苯甲酰胺悬浮剂 15 毫升或 40% 氯虫·噻虫嗪水分散性粒剂 10 毫升,对水均匀喷雾。

(3)生物防治　可选择赤眼蜂防治,在玉米螟产卵期释放赤眼蜂 2~3 次。

(三)玉米黏虫

玉米黏虫是玉米作物上常见的主要害虫之一,又名行军虫,一年可发生三代,以第二代危害夏玉米为主。

1. 识别要点

黏虫主要以幼虫咬食叶片。1~2 龄幼虫取食叶片造成孔洞,3 龄以上幼虫危害叶片后呈现不规则的缺刻,暴食时,短期内可吃光叶片,只剩叶脉,造成严重减产,甚至绝收。当一块玉米田被吃光,幼虫常成群列队迁到另一块玉米田继续危害,故又名"行军虫"。一般地势低、玉米植株高矮不齐、杂草丛生的田块受害重。

玉米黏虫成虫

玉米黏虫幼虫危害

2. 防治方法

(1)农业防治　硬茬播种的田块,待玉米出苗后要及时浅耕灭茬,及时进行田间地头的化学除草,破坏玉米黏虫的栖息环境,减少虫源。

(2)化学防治　①毒饵诱杀。每亩用 90% 晶体敌百虫 100 克,对适量水,拌在 1.5 千克炒香的麸皮上制成毒饵,于傍晚时分顺着玉米行撒施,进行诱杀。②叶面喷雾。幼虫 2 龄前,每亩用 2.5% 高效氯氟氰菊酯乳油或 48% 毒死蜱乳油 15~20 毫升或 4.5% 高效氯氰菊酯乳油 20~30 毫升,对水均匀喷雾。③撒施毒土。每亩用 40% 辛硫磷乳油

75～100毫升,适量加水,拌沙土40～50千克扬撒于玉米心叶内,既可保护天敌,又可兼防玉米螟。

（3）生物防治　保护利用寄生蜂、寄生蝇等天敌。

（四）玉米二点委夜蛾

二点委夜蛾是我国夏玉米区新发生的害虫,往往被误认为是地老虎危害。害虫随着幼虫龄期的增长,食量不断加大,发生范围也将进一步扩大,严重威胁玉米生产。

二点委夜蛾幼虫危害

玉米病株心叶失水萎蔫

二点委夜蛾危害田间,田间受害后缺苗断垄

1. 识别要点

二点委夜蛾幼虫一般躲在玉米幼苗周围的碎麦秸下或2～5厘米的表土层下危害玉米苗。受危害轻者,玉米植株倾斜,重者造成缺苗断垄,甚至毁种。玉米幼苗3～5叶期,幼虫主要咬食玉米茎基部,形成3～4毫米圆形或椭圆形孔洞,切断营养输送,造成玉米心叶萎蔫枯死;玉米8～10叶期,幼虫主要咬断玉米根部,包括气生根和主根,造成玉米倒伏,严重者枯死。危害夏玉米时,1头幼虫咬死植株后,可再连续危害5～8株,具有转株和转行的危害习性。

二点委夜蛾幼虫体色与黄地老虎相近,但身体短于黄地老虎,并且黄地老虎体节背面前缘无倒三角形的深褐色斑纹。

2. 防治方法

（1）农业防治 ①麦收后播前使用灭茬机或浅旋耕灭茬机后再播种玉米，既可有效减轻二点委夜蛾危害，也可提高玉米的播种质量，苗齐苗壮。②及时人工除草和化学除草，清除麦茬和麦秆残留物，减少利于害虫滋生的环境条件。③提高播种质量，培育壮苗，提高抗病虫能力。

（2）化学防治 幼虫 3 龄前防治，最佳时期为出苗前（播种前后均可）。①撒毒饵。每亩用 4 ~ 5 千克炒香的麦麸或粉碎后炒香的棉籽饼，与 48% 毒死蜱乳油 500 毫升拌成毒饵，在傍晚顺垄撒在玉米苗边。②撒毒土。每亩用 80% 敌敌畏乳油 300 ~ 500 毫升拌 25 千克细土，早晨顺垄撒在玉米苗边，防效较好。③大田喷灌。可以将喷头拧下，逐株顺茎滴药液或用直喷头喷根茎部，药剂可选用 48% 毒死蜱乳油 1 500 倍液或 30% 乙酰甲胺磷乳油 1 000 倍液或 2.5% 高效氯氟氰菊酯乳油 2 500 倍液或 4.5% 高效氯氰菊酯乳油 1 000 倍液等。药液量要保证可以渗到玉米根周围 30 厘米左右的害虫藏匿处。

（五）玉米蓟马

危害玉米的蓟马种类主要有禾花蓟马、黄呆蓟马和稻单管蓟马。

1. 识别要点

蓟马属于缨翅目，体微小型至小型，长 0.5 ~ 14 毫米，一般为 1 ~ 2 毫米。通常具两对狭长的翅，翅缘有长的缨毛。

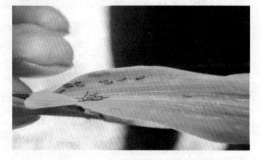

蓟马

2. 防治方法

（1）农业防治 清除田间地边杂草，减少越冬虫口基数。拧断心叶不能展开幼苗的顶端，帮助心叶抽出，促进玉米苗早发快长。轮作结合套播改直播适时栽培玉米，避开蓟马高峰期。在玉米间苗、定苗时拔除有虫苗，并带出田外沤肥。

（2）化学防治 可用 2.5% 多杀菌素悬浮剂 1 000 ~ 1 500 倍液或 10% 吡虫啉可湿性粉剂 1 500 倍液或 5% 啶虫脒可湿性粉剂 2 500 倍液或 1.8% 阿维菌素乳油 3 000 倍液或 25% 噻虫嗪水分散粒剂 1 500 倍液或 20% 氰戊菊酯乳油 4 000 倍液等，每隔 5 ~ 7 天喷 1 次，连喷 3 次可获得良好防治效果。重点喷洒花、嫩叶和幼果等幼嫩组织。

（六）玉米蚜

玉米蚜，俗称腻虫、蚁虫，为刺吸式害虫，属同翅目，蚜科，主要危害玉米、高粱、小麦、谷子等作物。

玉米蚜　　　　　　　　　　　　　　　　玉米蚜危害

1. 识别要点

蚜虫喜欢幼嫩组织，有趋糖性，抽雄前危害心叶，也常在叶鞘和节间危害，后期主要集中在雄穗和雌穗部位危害。以成蚜、若蚜刺吸植株汁液，导致叶片变黄或发红，影响生长发育，严重时植株枯死。

2. 防治方法

玉米抽雄前，玉米蚜一直群集于心叶里繁殖、危害，扬花期是玉米蚜繁殖、危害的盛期，应在玉米抽雄前防治。要注意当玉米苗期草间小黑蛛、瓢虫、食蚜蝇、草蛉数量较多情况下，尽量选用对天敌无害的农药防治。

化学防治　①药剂拌种。用玉米种子重量0.1%的10%吡虫啉可湿性粉剂拌种，播后25天防治苗期蚜虫、蓟马、飞虱，效果显著。②药剂熏蒸。在夏玉米大喇叭口期（此时为玉米蚜发生的初盛期），用80%敌敌畏乳油0.5千克，对水50升，配制成高浓度药液，再将剪成8厘米左右长的麦秆放入药液中浸泡1小时制成"毒麦秆"，取出后每株玉米心叶内插入3根"毒麦秆"，防治效果可达90%以上。③撒施毒沙。每亩用40%氧乐果乳油50克，对水500升稀释后，喷在20千克细沙土上，边喷边拌，然后把拌匀的毒沙均匀地撒在植株上。在玉米心叶期，结合防治玉米螟，每亩用3%辛硫磷颗粒剂1.5～2千克撒于心叶，既可防治玉米螟，也可兼治玉米蚜虫。④喷雾防治。在玉米抽穗初期调查，当百株玉米蚜量达4 000头、有蚜株率达50%以上时，可选用10%吡虫啉可湿性粉剂1 000倍液或0.36%苦参碱水剂500倍液或10%高效氯氰菊酯乳油2 000倍液或2.5%三氟氯氰菊酯乳油2 500倍液或50%抗蚜威可湿性粉剂2 000倍液等喷雾防治。⑤药剂涂茎。在玉米蚜发生初盛期，采用40%氧乐果乳油涂茎。

（七）玉米红蜘蛛

玉米红蜘蛛属于螨类，又称火龙、火蜘蛛、红砂、玉米叶螨等。一般在干旱年份或季节发生较重,除危害玉米外,还危害棉花及豆类、瓜类、杂草等。

1. 识别要点

红蜘蛛一般在抽穗之后开始危害玉米,发生早的年份,在玉米6片叶时即开始危害。红蜘蛛刺吸作物叶片组织养分,致使受害叶片先呈现密集细小的黄白色斑点,以后逐渐褪绿变黄,危害严重时叶片完全变白,最后干枯死亡。受害玉米籽粒秕瘦,造成减产。红蜘蛛在玉米叶背活动,先危害下部叶片,渐向上部叶片转移。

玉米红蜘蛛危害

2. 防治方法

(1)农业防治 ①及时彻底清除田间、地头、渠边的杂草,减少玉米红蜘蛛的食料和繁殖场所,降低虫源基数,并防止其转入田间;避免与豆类、花生等作物间作,阻止其相互转移危害。②消灭越冬成虫。早春和秋后灌水,可以消灭大量的越冬红蜘蛛。③利用天敌。玉米红蜘蛛的天敌有深点食螨瓢虫、食螨蓟马、草蛉等。

(2)化学防治 6~7月应注意将红蜘蛛控制在点片发生的初期阶段。可用15%哒螨灵乳油2 000倍液或73%炔螨特乳油2 500倍液或5%噻螨酮乳油2 000倍液或20%哒螨灵可湿性粉剂3 000倍液或20%甲氰菊酯乳油2 000倍液等喷雾,重点喷中下部叶片,可达到既杀卵又杀幼螨和成螨的效果。

(八)玉米双斑萤叶甲

双斑萤叶甲,又名玉米双斑长跗萤叶甲,属鞘翅目叶甲科,是危害玉米的一种新型害虫。近年来可能因为中国玉米种植面积持续增加,品种布局单一,很多玉米产区实行大面积连作、混作,各地普遍采取密植、免耕、秸秆还田、高肥水管理等措施,均利于玉米双斑萤叶甲虫源的积累。

1. 识别要点

双斑萤叶甲以成虫群集危害,主要危害玉米叶片、花药、花丝和籽粒。取食叶肉后,在叶片上残留不规则的白色网状斑和孔洞,严重影响植株光合作用;抽雄、吐丝后取食花药和花丝,影响植株授粉结实,还会啃食正处于灌浆阶段的籽粒,造成秕粒或烂粒。

2. 防治方法

(1)农业防治 秋耕冬灌,清除田间地边杂草,特别是稗草,可以降低害虫越冬基数;害虫点片发生时,可在早晚人工捕捉。合理施肥,能提高植株的抗逆性或耐受能力。对双斑萤叶甲危害较重的田块,除及时防治外,补水、补肥也能降低损失。

玉米双斑萤叶甲成虫

玉米双斑萤叶甲危害

　　（2）化学防治　　应在害虫盛发之前、百株虫量达到 50 头时进行防治，可使用菊酯类药剂，如 20% 氰戊菊酯乳油 2 000 倍液或 2.5% 三氟氯氰菊酯乳油 2 000 倍液或 20% 杀灭菊酯乳油 1 500 倍液或 50% 辛硫磷乳油 1 500 倍液或 48% 毒死蜱乳油 2 000 倍液等，均匀喷雾。药剂重点喷在雌穗周围；喷药时间要避开玉米扬花期，以免影响授粉；也要避开中午高温期，最好在上午 10 点前或下午 5 点后，以防中毒。由于害虫具有飞翔能力，一定要按地区统防、统治才能取得良好的防治效果。

　　（3）生物防治　　在地边种植小麦、苜蓿，招引双斑萤叶甲，再以叶甲招引和养育双斑萤叶甲的天敌瓢虫和蜘蛛等，起到生态防治的效果。

第三章
花生主要病虫害识别与防治

花生是主要经济作物,已发现的全世界花生病虫害超过120种,其中病害50多种,虫害60多种。气候因子、耕作制度、作物布局的改变,导致花生病虫害总体趋于严重。河南省是中国花生主产区之一,常年种植面积在 9.0×10^6 亩以上,占全国播种面积的20%左右。花生在播种以后,主要病害有茎腐病、锈病、叶斑病、病毒病;主要害虫有蛴螬、花生蚜、棉铃虫等。据测定,花生遭受病虫害后,不但品质下降,而且产量损失达30%以上,严重年份甚至达到100%,并不同程度地影响花生的品质。

一、花生主要病害识别与防治

(一)花生叶斑病

花生叶斑病是花生生长中后期的重要病害,其发生遍及中国主要花生产区。轮作地发病轻,连作地发病重。重茬年限越长,发病越重,往往在收获季节前,叶片就提前脱落,这种早衰现象常被误认为是花生成熟的象征。花生受害后一般减产10%~20%,发病重的地块减产达40%以上。

花生叶斑病引起的落叶

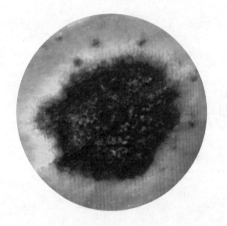

花生褐斑病

花生黑斑病

1. 识别要点

（1）发病症状　花生叶斑病包括褐斑病和黑斑病，两种病害均以危害叶片为主，在田间常混合发生于同一植株甚至同一叶片上，症状相似，主要造成叶片枯死、脱落。花生发病时先从下部叶片开始出现症状，后逐步向上部叶片蔓延，发病早期均产生褐色的小点，逐渐发展为圆形或不规则形病斑。褐斑病病斑较大，病斑周围有黄色的晕圈，而黑斑病病斑较小，颜色较褐斑病浅，边缘整齐，没有明显的晕圈。天气潮湿或长期阴雨，病斑可相互联合成不规则形大斑，叶片焦枯，严重影响光合作用。如果发生在叶柄、茎秆或果针上，轻则产生椭圆形黑褐色或褐色病斑，重则整个茎秆或果针变黑枯死。

（2）发病规律　花生褐斑病和黑斑病病原菌无性世代属于半知菌亚门，丝孢纲，丝孢目，暗色孢科，孢菌属和暗拟棒束梗霉属；有性世代属于子囊菌亚门，座囊菌目，球腔菌属。两种病害的病害循环基本相似，病原菌只侵害花生。病菌主要以子座、菌丝和分生孢子在病残体上越冬，也可以子囊腔在病残体内，或以分生孢子附着在种壳、种子上越冬,成为翌年的初侵染源。

病菌生长发育温度 10~37℃,最适温度 25~30℃,秋季多雨,气候潮湿,病害重;少雨干旱天气病害轻。花生生长前期发病轻,中后期发病重;幼嫩叶片发病轻,老叶发病重。开花前后开始发生,早熟和晚熟花生收获前 1 个月左右发病最重。褐斑病发生较早,开花前即有发生,但它常发生在植株下部的衰老叶片上,同时产生的孢子数量很少,所以再侵染的机会较少,流行较慢。黑斑病发生略晚,一般在开花期或开花后发生,病斑多在中上层叶片上,病斑上的孢子数量很大,再侵染的机会就多,因此流行很快。两种病害发生高峰均在花生收获前 3~20 天,故温度高、湿度大,有利于病害发生和流行。花生连作地菌源增加,病害加重;连作年限越长,病害越重。土质好、肥力水平高、花生长势好的地块病害轻;而山坡地沙性强、肥力低,花生长势弱,病害重。

2. 防治方法

(1)农业防治 ①选用抗病品种。②轮作换茬。花生叶斑病的寄主单一,只侵染花生,尚未发现其他寄主,与禾谷类、薯类作物轮作,可以有效控制其危害,轮作周期以 2 年以上为宜。③清除病残体。花生收获后,要及时清除田间病残体,并深耕 30 厘米以上,将表土病菌翻入土壤底层,使病菌失去侵染能力,以减少病害初侵染源。④合理施肥。结合整地,施足底肥,并做到有机肥、无机肥搭配,氮、磷、钾三要素配合,一般亩施有机肥 4 000~5 000 千克,尿素 15~20 千克,过磷酸钙 40~50 千克,硫酸钾 10~15 千克。同时在开花下针期还要进行叶面喷肥,每亩用尿素 250 克,磷酸二氢钾 150 克,对水均匀喷施。

(2)化学防治 在发病初期,当病叶率达 10%~15% 时开始施药,每亩可用 60% 唑醚·代森联水分散粒剂 60~100 克或 80% 代森锰锌可湿性粉剂 60~75 克或 50% 多菌灵可湿性粉剂 70~80 克或 75% 百菌清可湿性粉剂 100~150 克,每隔 7~10 天喷 1 次,连喷 2~3 次。

(二)花生茎腐病

花生茎腐病属于土传真菌性病害。由于花生连年种植,发生和危害比较严重。一般减产 15% 左右,发病严重地块减产在 30% 以上,严重影响了花生的产量和品质。

1. 识别要点

(1)发病症状 花生茎腐病俗称"倒秧病""掐脖瘟"。花生

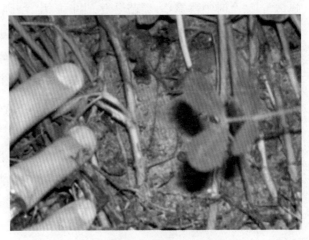

花生茎腐病

生长前期和中期发病,子叶先变黑腐烂,然后侵染近地面的茎基部及地下茎,初为水浸状黄褐色病斑,后逐渐绕茎或向根茎扩展形成黑褐色病斑,地上部分叶片变浅发黄,中午打蔫,第二天又恢复,发病严重时全株萎蔫、枯死。

(2)发病规律　花生茎腐病的病菌主要在种子和土壤中的病残株上越冬,成为下年的初侵染源。如果用病株作为饲料或用荚果壳做饲料饲养牲畜,排出的粪便以及混有病残株所积造的土杂肥也能使病菌传播蔓延。在田间主要靠雨水径流、大风、农具及农事操作过程中携带病菌等传播。

花生茎腐病发病呈现两个高峰:一是5月下旬至6月下旬,此期正是春播花生和麦套花生陆续开花阶段,需要较多的水肥;二是8月夏直播花生也逐渐进入开花下针期,温度适宜,降水适中,将造成病菌再次侵染。两个阶段如遇连阴雨天气,将会造成病害的发生加重。

茎腐病自花生出苗到收获都能发病,一般在苗期雨水多、土壤湿度大(以土壤含水量为最大持水量的50%为最适宜)发病较重。土壤过干或过湿均不利于病害发生。花生茎腐病的发生轻重,与气候条件有关,如遇大雨骤晴、降水比较适中或雨日较少的情况下,均有利于病害发生。阳光过强,造成花生幼苗热灼伤,也有利于病害发生。另外花生茎腐病病害发生与耕作栽培制度也有关,一般连作地发病重,轮作地发病轻,生荒地只要种子不带菌就不发病或发病极少。带菌种子是花生茎腐病病菌的主要越冬场所和初侵染来源,因而种子带菌率高,对病害的发生影响很大,花生在收获前受水淹,或收获时遇阴雨,种子容易发霉,带菌率高且发芽率低,播种后一般发病重,品种间抗病性有差异,花生种子质量好,病害轻。早播花生发病重于晚播花生。

2.防治方法

(1)农业防治　①选用优良抗病品种。②合理轮作和套种。可与禾本科作物小麦、玉米、谷子等轮作、套种。③加强田间管理。深翻改土,合理施肥,增施腐熟的有机肥,追施草木灰;及时中耕除草,促苗早发,生长健壮,增强花生抗病能力;及时拔除田间病株,带出销毁。④花生收获后及时深翻土地,以消灭部分越冬病菌。

(2)化学防治　种子处理。每100千克种子用2.5%咯菌腈悬浮种衣剂100毫升或35%精甲霜灵种子处理乳剂80毫升,对适量水,对种子进行均匀包衣。

(三)花生白绢病

花生白绢病,又叫花生小菌核病、花生茎基腐病、白脚病、菌核枯萎病、菌核茎腐病、菌核根腐病。在多雨、潮湿的年份,危害更为严重,能造成花生大量枯死,病株率一般在5%左右,严重的达30%,个别田块高达60%以上。

1.识别要点

(1)发病症状　花生白绢病是一种土传真菌性病害,多在成株期发生,主要危害茎

花生白绢病

基部、果柄、果荚及根。茎基病斑初期暗褐色,波纹状,逐渐凹陷,变色软腐,上被白色绢丝状菌丝层,直至植株中下部茎秆均被覆盖,最后茎秆组织呈纤维状,易折断拔起。天气潮湿时,菌丝层会扩展到病株周围土壤,形成暗褐色、油菜籽状菌核。

(2)发病规律　花生白绢病病菌以菌核或菌丝体在土壤中及病株上越冬。菌核在土壤中可存活 5 ~ 6 年,尤其是在较干燥的土壤中存活时间更长。一般菌核分布在 3 ~ 6 厘米的表土层内,菌核或菌丝萌发的芽管从花生根茎部的表皮直接侵入,使病部组织腐烂,造成植株枯死。病菌主要借流水、昆虫传播。种子能带菌传染。

高温多雨情况下,发病重。一般田间 6 月下旬始见病斑,从开始发病到 7 月中旬发病比较缓慢,发病部位主要集中在茎的基部,7 月下旬后,随着花生植株逐渐封垄,高温、高湿季节的来临,病害迅速发展,病斑逐渐扩展到茎的中、下部,白色菌丝覆盖其上或地表面,至 8 月下旬达到发病高峰。

直立型品种比一般蔓生型品种容易感病。温暖高湿有利于发病;雨后骤停以及久旱骤雨,发病都较严重;长期连作,由于田内积累大量病原菌的菌核和病残体,病害逐年加重;叶斑病发生严重时,由于大量落叶,枯叶围绕子房柄能增加侵染机会。杂草丛生和自生苗较多的地块白绢病也常发生严重。

2. 防治方法

(1)农业防治　①深翻改土,加强田间管理。②花生收获前,清除病残体;收获后深翻土壤,减少田间越冬菌源。

(2)化学防治　①种子处理。可用 50% 多菌灵可湿性粉剂按种子量的 0.5% 拌种,或用 50% 甲基立枯磷乳油按种子量的 0.2% ~ 0.4% 混拌。②喷雾防治。在花生结荚初期,每亩用 50% 多菌灵可湿性粉剂 100 ~ 120 克,对水均匀喷雾。

45

(四)花生疮痂病

花生疮痂病是近几年新发现的一种真菌性病害,有逐年加重的趋势。

花生疮痂病

花生疮痂病叶片危害

1. 识别要点

(1)发病症状　花生疮痂病主要危害叶片、叶柄及茎部。各患部均表现木栓化疮痂状斑,新抽生的病叶畸形扭曲,并出现大量圆形小斑点,中部淡黄褐色,稍凹陷,边缘红褐色,表面木栓化粗糙。①叶片染病。叶两面产生圆形至不规则形小斑点,边缘稍隆起,中间凹陷,叶面上病斑黄褐色,叶背面为淡红褐色,具褐色边缘。②叶柄、茎部染病。初生卵圆形隆起的稍大病斑,长约3毫米,多数病斑融合时,引起叶柄及茎扭曲,上端枯死。

田间常表现为上部叶片卷曲,似鸡爪状,茎弯曲,病株略矮化,多呈点片发生。

(2)发病规律　花生疮痂病病菌为半知菌亚门、痂圆孢属落花生痂圆孢菌。病菌主要在遗落在田间的病残体上越冬,并成为翌年该病的初侵染源。病株残体腐烂后可能以厚垣孢子在土壤中长期存活。感病花生品种荚果带菌率很高,且病果壳传病效率也很高。通过种子调运和销售可传播病害,这是病区不断扩大的主要原因。花生疮痂病初发期一般在6月中下旬,7、8月为盛发期。发病早晚以及持续时间长短与降水天数、降水量关系密切。持续降水或暴雨可导致疮痂病发病早、蔓延迅速和大面积暴发成灾。降水延迟,到9月上中旬,疮痂病仍可以侵染发病。花生疮痂病病菌只侵染花生,不侵染其他豆科植物。

2. 防治方法

(1)农业防治　①选用高产抗病品种。②清除病残体。花生成熟后要立即收获并全部转移,不要将植株放在田内晾晒,防止病残体遗留,减少下茬发病机会。

(2)化学防治　每亩用30%苯醚·丙环唑乳油20毫升或10%苯醚甲环唑水分散粒剂40克,对水均匀喷雾。

(五)花生立枯病

花生立枯病又称叶腐病、烂叶子病。主要以花生幼芽期和苗期受害最重,在花生中、后期常造成叶片枯萎、腐烂,严重影响花生产量。受害花生一般可减产10%～20%,严重地块可减产30%以上。

花生立枯病

1. 识别要点

(1)发病症状　立枯病可侵染种子,造成出苗前种子腐烂而不能出土。幼苗感病,在茎基部产生黄褐色病斑,逐渐向内凹陷,边缘较明显,一般不扩大,但严重时病斑溃烂,病斑发展环绕茎基部和根部引起植株直立枯死。病菌侵染根系,引起根系腐烂。成株期感病,主要危害花生植株中下部叶片,严重时病斑也可蔓延到茎秆、果针上。发病轻时,底叶腐烂,提前脱落,严重时植株干枯死亡。

(2)发病规律　立枯病病菌以菌核或菌丝体附在病残体上越冬。立枯病病菌是一种土壤习居菌,能在土壤中长期存留,也可在荚果和荚果内种子上越冬。

2. 防治方法

(1)农业防治　常发病地区或田块避免连作,提倡轮作,特别是水旱轮作。合理密植,科学施肥,增施磷钾肥,促进植株健壮生长,增强抗病力。

(2)化学防治　①种子处理。对种子进行药剂处理,可防治因病害引起的烂种、死苗。用40%三唑酮·多菌灵可湿性粉剂或45%三唑酮·福美双可湿性粉剂,按种子重量的0.3%拌种,密封24小时后播种。②发病初期。喷淋36%甲基硫菌灵悬浮剂500倍液或5%井冈霉素水剂1 500倍液或15%噁霉灵水剂450倍液或58%甲霜灵·锰锌可湿性粉剂600倍液,视病情7～10天喷1次,连续防治2～3次。③花生结果期发病,可叶面喷施25%多菌灵可湿性粉剂500～600倍液,或喷施1:2:200的波尔多液,每隔10天喷1次,连喷2～3次,可防止花生徒长、倒伏和郁闭,减轻花生立枯病的发生危险。④花生叶面上喷施70%代森锰锌胶悬剂400倍液或50%多菌灵可湿性粉剂1 000倍液或12.5%烯唑醇可湿性粉剂1 000倍液,可以收到良好的防病效果。

(六)花生锈病

花生锈病是世界性的真菌病害。花生发生锈病后,植株提早落叶、早熟。在自然侵染条件下,锈病可引起荚果减产50%;若与叶斑病同时发生,引起的产量损失可达70%,甚至绝收。花生锈病除引起减产外,还能使荚果变小,含油量降低,严重影响花生品质。

1. 识别要点

(1)发病症状　花生锈病病菌主要侵染花生叶片,在基部叶片最先发病。此病可危害叶柄、托叶、茎秆、果柄和荚果。

(2)发病规律　降水天数多、过度密植、偏施氮肥、植株生长过于繁茂、田间郁闭、通风排水不良等均易引起花生锈病的严重发生。

2. 防治方法

(1)农业防治　选用抗病品种。少施氮肥,增施磷钾肥,合理密植,清洁田园,实行轮作。

(2)化学防治　在发病初期喷药保护。花生锈病发生多自近地面底叶始,由中心病株发展为发病中心,由点到面蔓延扩展,故应加强检查,发现和控制封锁发病中心。当发病株率达15%~30%或近地面1~2片叶有2~3个病斑时,即要进行喷药。可选用58%甲霜灵可湿性粉剂600倍液或70%甲基硫菌灵可湿性粉剂1 000~1 500倍液或20%三唑酮乳油30~40毫升,对水50千克,全生育期喷1~2次即可达到良好的防治效果。

花生矮化病毒病

(七)花生矮化病毒病

花生矮化病毒病是对花生危害最普通的病害,一般年份可减产10%~20%,大流行年份可减产20%~30%。

1. 识别要点

(1)发病症状　花生矮化病病株矮小,长期萎缩不长,节间短,植株高度常为健株的1/3~2/3,单叶片变小而肥厚,叶色浓绿,结果少而小,似大豆粒,有的果壳开裂,露出紫红色的小籽仁,须根和根瘤明显稀少。花生

48

矮化病病毒寄土范围较广。主要传播介体为花生蚜(苜蓿蚜)、豆蚜、桃蚜。种子带病率也较高,小粒病种带毒率可达4%～21%,不显症状的花生种子也能带毒传病。花生矮化病的流行主要决定于传毒介体蚜虫的发生程度,蚜虫发生重的年份,病害有重发的可能。

(2)发病规律　花生出苗后,有翅蚜向花生地迁飞,同时将病毒从其他越冬寄主上传入。传毒蚜虫发生早、数量多、传毒效率高,病害就易于流行。一般花生苗期降水少、气候温和、干燥,易导致蚜虫发生早,数量大,易引起病害严重流行。

2.防治方法

(1)农业防治　①搞好病害检疫,禁止从病区调种。②采用无毒或低毒种子。③加强田间管理,早期拔除种传病苗,及时清除田间和周围杂草,减少蚜虫来源,可减轻病害发生。

(2)化学防治　①苗期喷施病毒钝化剂。如5%菌毒清水剂200～400倍液或1.5%植病灵水乳剂1 000倍液或2%宁南霉素水剂200～250克或0.5%菇类蛋白多糖水剂300倍液等,喷雾防治,每隔7～10天喷1次,连喷3～4次,均有一定防治效果。②及时治蚜。采用辛硫磷颗粒剂毒土盖种,可使花生蚜株率降低,每亩用药量0.5千克,花生出苗后,要及时检查,发现蚜虫及时用40%氧乐果乳油800倍液或50%抗蚜威可湿性粉剂2 000倍液或3.2%氯氰·苦参碱乳油1 000～1 500倍液等喷雾防治,以杜绝蚜虫传毒。选用5%吡虫啉可湿性粉剂,第一次喷药每亩10克,加水20～25千克;第二次喷药每亩15～20克,加水40千克,叶面喷雾,残效期可达25天左右。

(八)花生青枯病

花生青枯病

花生青枯病对比(左病株　右健株)

花生青枯病又叫青症、死苗、花生瘟等,是危害花生最重、对花生生产威胁最大的病害之一,已成为我国发展花生生产的一大突出障碍。

1. 识别要点

(1)发病症状　花生青枯病根茎部发病时从花生根系的伤口或自然孔口入侵,使根尖端变褐色、软腐,根瘤呈墨绿色,维管束组织变为深褐色,并自下而上扩展到植株的顶部。潮湿条件下,用手挤压病切口处,可见浑浊乳白色细菌液流出(俗称菌脓)。地上部发病时,主茎顶梢第一、二片叶首先表现失水萎蔫,1~2天病势扩展后,全株叶片自上而下急剧失水萎蔫,叶色暗淡,但仍呈青绿色,故称"青枯病"。

(2)发病规律　花生青枯病是一种土传性病害,青枯病病菌可在土壤中存活3~5年,主要随土壤、病株、雨水、灌溉、生产工具等传播、蔓延,在病株、土壤和堆肥等处越冬。主要从根部、茎部伤口或自然孔口侵入,经皮层组织进入维管束,由导管向上蔓延。多雨天气、久旱逢雨、久雨逢旱或时晴时雨,最有利于该病的暴发和流行。花生根部因虫害或农事操作有伤口等都会促进病害发生,加重花生青枯病的危害。

2. 防治方法

(1)农业防治　①实行轮作。②因地制宜选用高产抗病良种。③灌水泡田。④每年种植花生前5~10天,翻耕地时每亩撒生石灰粉70~100千克,使土壤呈微碱性,以抑制病菌生长,减少发病。对病株茓部的土壤,最好也挖去并撒上生石灰粉。⑤防治好蛴螬、蝼蛄等地下害虫,减少根部伤口,降低染病率。

(2)化学防治　①种子处理。先浸湿种子,然后每千克用噁霉灵3~4克拌匀,或播种前采用32%克菌丹可湿性粉剂1 000倍液浸种8~12小时,进行消毒灭菌。②初花期发病。对发病中心,可用高锰酸钾600倍液或20%喹菌酮可湿性粉剂1 000倍液,连续喷淋病穴或相邻的健株2~3次,可控制花生青枯病蔓延。③药液灌根。硫酸铜:生石灰:硫酸铵为1:2:7的复配剂1 000~1 500倍液,每穴200~250毫升。85%三氯异氰尿酸可溶性粉剂500倍液在花生开花至结荚期灌根,能减少发病率67.3%~98.1%,可有效控制花生青枯病发展。

二、花生主要虫害识别与防治

(一)花生蚜虫

花生蚜虫,俗称"蜜虫",也叫"腻虫",是我国花生产区的一种常发性害虫。一般可造成花生减产20%～30%,发生严重的可减产50%～60%,甚至绝产。

花生蚜虫

1.识别要点

在花生尚未出土时,蚜虫就能钻入幼嫩枝芽上进行危害。花生出土后,蚜虫多聚集在顶端幼嫩心叶背面吸食汁液,受害叶片严重卷曲。花生始花后,蚜虫多聚集在花萼管和果针上危害,使花生植株矮小,叶片卷缩,影响开花下针和正常结实。严重时,蚜虫排出大量蜜露,引起霉菌寄生,使茎叶变黑,能导致全株枯死。

2.防治方法

(1)农业防治 及早清除田间周围杂草,减少蚜虫来源。

(2)化学防治 ①种子处理。每100千克种子用70%噻虫嗪种子处理可分散粉剂200克进行种子包衣,兼治地下害虫和蓟马。②大田喷雾。每亩用2.5%溴氰菊酯乳油20～25毫升,对水均匀喷雾,兼治棉铃虫。

(3)生物防治 保护利用瓢虫类、草蛉类、食蚜蝇类和蚜茧蜂类等天敌生物,当百墩蚜量4头左右,瓢虫:蚜虫为1:(100～120)时,可利用瓢虫控制花生蚜的危害。

(4)物理防治 用黄板20～25块/亩,于植株上方20厘米处悬挂于花生田间,可有效诱杀花生蚜虫。

(二)花生蛴螬

蛴螬是危害花生的重要地下害虫,不仅可造成减产,同时也可诱发病害,形成果腐病。一般可造成花生减产10%～30%,发病严重的甚至可减产50%～80%。

1.识别要点

蛴螬幼虫蛀食花生荚果,造成空洞和空果。

2.防治方法

(1)农业防治 ①合理轮作。与非豆科作物如甘薯、玉米、水稻等作物轮作2年以

蛴螬

上,可以有效破坏蛴螬的生存环境,降低危害。②施用腐熟有机肥。按照每立方米粪肥加入25千克碳酸氢铵的比例,将粪肥与化肥充分混合后密闭腐熟,播种前再将处理过的腐熟粪肥施入田间,可有效减轻蛴螬的迁入危害。③秋季深翻。深翻可将害虫翻至地面,使其暴晒而死或被鸟雀啄食,可减少越冬虫源。

（2）化学防治 ①种子处理。每100千克种子用70%噻虫嗪种子处理可分散粉剂200～300克进行种子包衣。②撒施毒土。在花生荚果膨大期,每亩用5%辛硫磷颗粒剂5～6千克,加细土30～40千克,拌匀制成毒土,顺垄撒施花生根际,然后浅锄或结合浇水,可兼治金针虫。

（3）物理防治 安装频振式杀虫灯诱杀蛴螬成虫,每30～40亩1台。

（三）花生根结线虫

花生根结线虫分布广,危害重。受害花生产量、品质都降低,一般可造成花生减产20%～30%,重者可达70%～80%,甚至绝产。

花生根结线虫危害

1.识别要点

根结线虫(虫瘿)随病株残体在土层内越冬。以2龄幼虫侵入幼苗根尖,尤其土壤温度在15~20℃,田间最大持水量在70%左右的状态下,最适于根结线虫侵入。发病植株矮小,叶片黄、瘦,开花减少,提早落叶。拔出病株,可见根端的虫瘿(浅黄褐色,小米或绿豆大小)及根系形成的"须根团"。沙壤土或沙土和贫瘠的连作田块发病重。

2.防治方法

(1)农业防治 ①加强检疫。严格检疫老花生区,花生根结线虫是一种检疫对象。异地调种时,一定要做好种子检疫工作,不从病区调种子,必须调时,应将荚果含水量降至10%以下,也可先剥壳后调种。同时,根结线虫寄主范围广,调运其他寄主作物时也要严格实行检疫制度。②实行轮作。病地可与小麦、玉米、大麦、高粱、谷子、甘薯等作物实行2~3年轮作,能显著减少土壤内的虫口密度。轮作年限愈长,虫口密度愈小。有条件的地区实行水旱轮作,效果最好。③清洁田园病地。花生收获后不带出田外,病残体就地晒干,集中烧毁。收花生时要深挖细收,做到病根、病果不遗留于土壤中。同时将杂草寄主连根拔出,集中烧毁。另外,不用病残体沤肥、喂牲畜,以防根结线虫混入粪肥,传播危害。④加强田间管理。深翻改土,合理施肥,增施有机肥,减轻病害。通过创造花生良好的生长条件,增强抗病力,减轻病害。特别是增施鸡粪,鸡粪有明显防治根结线虫的效果。修建排水沟,合理灌水,忌串灌,防止水流传播。病田挖隔离沟(四围挖深沟约65厘米),利用其不抗干旱特性,花生收获时进行深刨,可把根上的根结线虫带到地表,通过干燥消灭一部分根桔线虫。利用秋季高温,翻地晒土,促使病根上的虫瘿死亡,降低虫源。精细耕作,均能减轻根结线虫的危害。

(2)化学防治 可用30%杀线烷,每亩5~6千克,或90%棉隆粉剂,每亩3~5千克。熏杀根结线虫,每0.5千克药对水15~20千克,于播前10~15天开沟施入,沟距30厘米、沟深15~20厘米,施后随即耙耱覆土,防止药液挥发,并压平表土,密闭闷熏。熏蒸剂剧毒、易挥发,使用时要注意人畜安全。也可用1.8%阿维菌素乳油10克对水50千克,于花生始花期叶面喷施。

(3)生物防治 国外应用淡紫拟青霉菌和厚垣孢子轮枝菌,能明显地降低花生根结线虫群体和消解虫卵。

(四)花生地老虎

地老虎别名土蚕、地蚕、切根虫等,其种类多,分布广,危害重。危害花生的主要是小地老虎、黄地老虎和大地老虎三种。

1.识别要点

地老虎对花生危害重,是花生出苗期和苗期的主要害虫。其幼虫咬食幼苗嫩茎、叶和胚根,造成缺苗、缺窝。个别还能钻入荚果内取食籽仁。食性杂,除危害花生外,还能危害小麦、玉米、棉花、甘薯等多种作物。

地老虎年发生代数随各地气候不同而异,愈往南,年发生代数愈多;在长江以南以蛹及幼虫越冬,但在南亚热带地区无休眠现象,从10月到翌年4月都有发生和危害。无论年发生代数多少,在生产上造成严重危害的均为第一代幼虫。成虫多在下午3点至晚上10点羽化,白天潜伏于杂草及缝隙等处,黄昏后开始飞翔、觅食,3~4天后交配、产卵。卵散产于低矮叶密的杂草和幼苗上,少数产于枯叶、土缝中,近地面处落卵最多。成虫的活动性与温度有关,在春季夜间气温达8℃以上时即有成虫出现,但10℃以上时数量较多,活动增强。对普通灯光趋性不强,对黑光灯极为敏感,有强烈的趋化性,特别喜欢酸、甜、酒味和泡桐叶。幼虫危害习性表现为:1~2龄幼虫昼夜均可群集于幼苗顶心嫩叶处取食危害;3龄后分散,幼虫行动敏捷,有假死习性,对光线极为敏感,受到惊扰即缩成团。白天潜伏于表土的干湿层之间,夜晚出土从地面将幼苗植株咬断拖入土穴,或咬食未出土的种子。幼苗主茎硬化后改食嫩叶的叶片及生长点,食物不足或寻找越冬场所时,有迁移现象。

地势低湿、雨量充沛的地方,发生多;头年秋雨多、土壤湿度大、杂草丛生,有利于成虫产卵和幼虫取食活动,此时是翌年大发生的预兆。成虫产卵盛期,土壤含水量在15%~20%的地区危害较重。沙壤土,易透水、排水迅速,适于小地老虎繁殖。管理粗放,杂草丛生,是引诱地老虎产卵、先期取食的最好环境,杂草越多,幼虫成活率越高,其危害越严重。

2. 防治方法

(1)农业防治 ①精耕细作,及时除草。杂草是地老虎产卵的场所,也是幼虫早期食料来源和向作物转移危害的桥梁。因此,春耕前进行精耕细作或在初龄幼虫期铲除杂草,可消灭部分虫、卵。人工捕杀幼虫,清晨在受害苗周围或沿着残留在洞口的被害茎叶周围,将土拨开3~5厘米深,即可发现幼虫,并在幼虫盛发期晚上8~10点捕杀。②诱杀成虫。结合黏虫用糖、醋、酒诱杀液或甘薯、胡萝卜等发酵液诱杀成虫。糖6份、醋3份、白酒1份、水10份、90%晶体敌百虫1份,调匀,或用泡菜水加适量农药,在成虫发生期设置,均有诱杀效果。某些发酵变酸的食物(如甘薯、胡萝卜、烂水果等)加入适量药剂,也可诱杀成虫。③种植诱杀作物。在田间套种芝麻和红花草等,可诱集地老虎产卵,减少药治面积。用泡桐叶或莴苣叶诱捕幼虫,于每日清晨到田间捕捉;对高龄幼虫也可在清晨到田间检查,如果发现有断苗,拨开附近的土块,进行捕杀。

(2)化学防治 对不同龄期幼虫,应采用不同的施药方法。幼虫3龄前用喷雾、喷粉、灌根或撒毒土方法进行防治。①喷雾。每亩可选用50%辛硫磷乳油50毫升或90%晶体敌百虫800倍液或2.5%溴氰菊酯乳油3 000~5 000倍液或21%增效氰马乳油800倍液或25%氰戊菊酯乳油3 000倍液等喷雾防治。喷药适期应在幼虫3龄盛发前。②药液灌根。用50%辛硫磷乳油,每0.20~0.25千克对水400~500千克。③喷粉。春播可用2.5%敌百虫粉剂,用量为每亩2~2.5千克。④毒土或毒沙。可选用50%辛硫磷乳油 500 毫升加水适量,喷拌细土 50 千克配成毒土,每亩用毒土 20～25 千克顺垄撒施于幼苗根际附近。也可每亩用烟叶末 0.5 千克拌细土 25 千克或细沙 50 千克,于傍晚顺垄撒施在花生根部周围。⑤毒饵或毒草。一般虫龄较大时可采用毒饵诱杀。可选用 90% 晶体敌百虫 0.5 千克或 50% 辛硫磷乳油 500 毫升,对水 2.5～5.0 千克,喷在 50 千克碾碎炒香的棉籽饼、豆饼或麦麸上,于傍晚在受害作物田间每隔一定距离撒一小堆,或在作物根际附近围施,每亩用 5 千克。毒草可用 90% 晶体敌百虫 0.5 千克,拌砸碎的鲜草 75～100 千克,每亩用 15～20 千克。

(五)花生金针虫

金针虫,属鞘翅目,叩头虫科,别名姜虫、铁丝虫、金齿耙等,因体硬、光滑、细长,多呈黄褐色,形似金针,故此得名。主要危害小麦、玉米、高粱、大麦、粟、花生以及甘薯、马铃薯、棉麻类、甜菜和蔬菜等多种作物。

1. 识别要点

金针虫食性较杂,其成虫在地上部分活动的时间不长,只能吃一些禾谷类和豆类等作物的绿叶。幼虫则长期生活于土壤中,能咬食刚播下的种子,吃掉胚乳,使种子不能发芽。花生出苗后,则危害须根、主根或茎的地下部分,使幼苗枯死,严重的造成缺苗断垄现象。花生结荚后,金针虫可以钻蛀荚果,造成减产,并有利于病原菌的侵入从而引起花生根茎及荚果腐烂病发生。

金针虫的生活史很长,常需 3～6 年才能完成一代。在整个生活史中,以幼虫期最长,以各龄幼虫或成虫在地下越冬,越冬深度因地区和虫态不同,在 20～85 厘米。幼虫孵化后一直在土内活动取食。以春季危害最严重,秋季相对较轻。成虫白天躲在麦田或田边杂草中和土块下,夜晚活动,雄虫飞翔能力较强,雌性成虫不能飞翔,行动迟缓,有假死性,没有趋光性,卵产于土中 3～7 厘米深处,卵孵化后,幼虫直接危害作物。

2. 防治方法

(1)农业防治 水旱轮作是根治金针虫的最好措施。结合农田基本建设,种植前要深耕多耙,收获后及时深翻,夏季翻耕暴晒。灌水灭虫,在金针虫危害期间,及时浇灌可有效防治;除草灭虫,消除田间杂草可消减成虫的产卵场所,减少幼虫的早期食物来源;合理施肥,增施腐熟肥,能改良土壤并促进作物根系发育、壮苗,从而增强作物抗虫能力。

(2)化学防治 ①药剂拌种。用 40% 氧乐果乳油 0.5 千克,对水 20～30 千克,拌 200～300 千克种子。②闷种。用 50% 辛硫磷乳油 5 千克,对水 20～30 千克,拌 225 千克种子。闷种时,选一背阴的平地,铺上一块塑料布,放上事先量好的种子,厚度以 16 厘米左右为宜。用喷雾器把配好的药液喷在种子上,边喷边翻动,混拌均匀,然后将种子堆闷 3～4 小时,在堆闷过程中,每半小时翻动 1 次,严防药液下沉浸泡种子,影响发芽。闷种阴干后即可播种。③盖种。花生开沟播种时,每亩用辛硫磷颗粒剂 2.5～3 千克,撒盖在种子上,然后覆土,可兼治蚜虫、蓟马和金针虫。④堆草诱杀细胸金针虫。在田间堆放8～10厘米厚新鲜略萎蔫的小草堆,每亩50堆。在草堆下撒施少许5%敌百虫粉剂,诱杀细胸金针虫效果良好。⑤施用毒土。用48%辛·蜱乳油每亩200～250克,50%辛硫磷乳油每亩200～250克,加水10倍,喷于25～30千克细土上拌匀成毒土,顺垄条施,随即浅锄;用5%甲基毒死蜱颗粒剂每亩2～3千克拌细土25～30千克制成毒土,或用5%辛硫磷颗粒剂每亩2.5～3.0千克处理土壤。⑥喷杀成虫。在成虫出土高峰期,对已经出苗的花生田每亩用5%高效吡虫啉可湿性粉剂10～20克或25%氰戊·辛硫磷乳剂30～40毫升,对水30～40升,叶面喷雾,防治成虫。

（3）物理防治　采用灯光诱杀。利用金针虫的趋光性,在开始盛发和盛发期间在田间地头设置黑灯光,诱杀成虫,减少田间虫卵量。

第四章
甘薯主要病虫害识别与防治

我国甘薯病害的种类很多,已报道的有 30 余种,有甘薯真菌性病害(甘薯黑斑病、甘薯根腐病、甘薯软腐病、甘薯蔓割病、甘薯疮痂病等)、甘薯细菌性病害(甘薯瘟病)、甘薯线虫病害(甘薯茎线虫、甘薯根结线虫)、甘薯病毒病害。

一、甘薯主要病害识别与防治

(一)甘薯黑斑病

甘薯黑斑病

1. 识别要点

(1)发病症状　①苗期症状。在幼苗期茎基部最易受到侵染,生长不旺,叶色淡,病斑多时幼苗可卷缩。病苗茎基部长出黑褐色椭圆形或菱形病斑,稍凹陷,初期有灰色霉层,后逐渐产生黑色刺毛状物和粉状物。严重时,幼苗呈黑脚状而死或未出土即烂于土中,种薯变黑腐烂,造成烂床。病苗移栽大田后,基部叶片变黄脱落,地下部分变黑腐烂,苗易枯死,造成缺苗断垄。②薯块症状。薯块上以收获前后发病较多,病斑为褐色至黑褐色,中央稍凹陷,生有黑色霉状物或刺毛状物。病薯有苦味不能食用。储藏期病斑多发生在伤口和根眼上,初为黑色小点,逐渐扩大成圆形或菱形或不规则形病斑,中间产生刺毛状物。

（2）发病规律　甘薯黑斑病病菌以厚垣孢子和子囊孢子在储藏窖或苗床及大田的土壤内越冬，有的以菌丝体附在种薯上越冬，成为翌年初侵染源。甘薯黑斑病的发生轻重与温度、湿度、土质、甘薯品种以及薯块伤口的多少有密切关系。其发病温度最低为8℃，最高为35℃，最适为25℃，病菌主要从伤口侵入。地势低洼、阴湿、土质黏重易于发病。储藏期间，感病最适温度为23～27℃。

2. 防治方法

（1）农业防治　实行轮作倒茬；建立无病留种田；采用高剪苗进行大田种植。

（2）化学防治　栽插时可用50%甲基硫菌灵可湿性粉剂500～700倍液或50%多菌灵可湿性粉剂500～800倍液，蘸根底部6～10厘米，浸泡2～3分处理种苗；种薯处理，用50%多菌灵可湿性粉剂500倍液浸种薯3～5分后晾干入窖。甘薯高温愈合处理是防治黑斑病最有效的方法，值得提倡。

（二）甘薯根腐病

甘薯根腐病亦称烂根病，是一种毁灭性病害。发生在山东、河北、河南、江苏等省，以山东省、河南省比较普遍，危害严重。甘薯根腐病是由真菌侵染引起的，病原菌为腐皮镰孢菌。发病地块轻者可减产10%～20%，重者可减产40%～50%，甚至成片死亡，造成绝收。

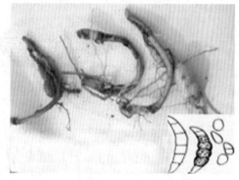

甘薯根腐病

1. 识别要点

（1）发病症状　甘薯根腐病主要发生在大田期。一般从甘薯的须根、根尖先发病，随后扩展至全根变黑腐烂。甘薯根腐病发病特征：地下茎，形成褐色陷纵裂的病斑，皮下组织疏松；地上部分，节间缩短、矮化，叶片发黄。现蕾开花，全株枯死。病薯呈现表面粗糙、黑褐色病斑、龟裂，无苦味。

（2）发病规律　甘薯根腐病通过土壤传染，病菌高密度分布于耕作层中。高温、干旱、沙土瘠薄、连作发病重，一般发病温度为21～30℃，最适温度为27℃，土壤含水量在

10%。

2. 防治方法

①选用抗病良种(这是防治甘薯根腐病最有效的措施),培育壮苗,适时早栽。②深翻改土,增施净肥。③轮作换茬。④清洁田园,清除病薯残体。⑤建立无病留种田。

(三)甘薯软腐病

甘薯软腐病又叫薯耗子、脓烂,是甘薯育苗期和储藏期发生较普遍的一种病害。

甘薯软腐病

1. 识别要点

(1)发病症状　甘薯软腐病病菌多从薯块两端和伤口侵入。得病后薯块变软,呈水渍状发黏,随后在薯块表面长出许多丝状物和黑色孢子,因此得名为"薯耗子"。被害部位薯皮很容易破裂,从伤口处流出黄色汁液,带有芳香酒气,而后变酸霉味。如果薯皮不破,薯内水分会逐渐消失,薯块会成干缩的硬块。

(2)发病规律　甘薯软腐病病原菌菌丝生长最适宜温度为23~26℃;产生孢囊孢子最适宜温度为23~28℃;孢子萌发最适温度为26~28℃;发病最适温度为15~23℃,相对湿度为78%~84%有利于病害发生;气温为29~33℃,相对湿度高于95%不利于孢子形成及萌发,但利于薯块愈伤组织形成,因此发病轻。

2. 防治方法

①适时收获,避免伤口。②储藏期科学管理。入窖前清理、熏蒸薯窖。精选健薯,晾干水汽适时入窖。入窖后可进行高温愈合。初期,入窖后30天内,由于薯块生命力旺盛,呼吸强度大,放出大量的热量、水汽和二氧化碳,从而形成高温、高湿的环境条件,因

此,这段时间的主要工作是通风、降温和散湿,温度控制在15℃以下,相对湿度控制在90%~95%。中期,即12月至翌年2月低温期,是一年中最冷的季节,应注意保温防冻,使窖温不低于10℃,最好控制在12~14℃。后期,即3月以后外界气温逐渐升高,要经常检查窖温,保持在10~14℃。

甘薯干腐病

(四)甘薯干腐病

1.识别要点

(1)发病症状 甘薯干腐病是甘薯储藏期的主要病害之一,在收获初期和整个储藏期均可侵染危害。症状为薯块上有圆形或不规则形凹陷的病斑,发病部分薯皮不规则收缩,淡褐色,病斑凹陷,严重时,薯块腐烂呈干腐状;或者薯块两端发病,表皮褐色,有纵向皱缩。

第一类甘薯干腐病的病原菌都属于半知菌亚门,瘤座孢目,镰刀菌属,主要有尖镰刀菌、串珠镰刀菌、腐皮镰刀菌。第二类干腐病的病原菌是子囊菌亚门,间座壳属的甘薯间座壳菌。

(2)发病规律 初侵染源是种薯和土壤中越冬的病原菌。带菌薯苗在田间呈潜伏状态,主要从伤口侵入,储藏期扩大危害,收获时过冷、过湿、过干都易于储藏期干腐病的发生。发病最适温度为20~28℃,32℃以上病情停止发展。

2.防治方法

(1)农业防治 ①培育无病种薯。选用3年以上的轮作地作为留种地,从春薯田剪蔓或从采苗圃高剪苗栽插夏秋薯。②精细收获,小心搬运,避免薯块受伤,减少感病机会。③清洁薯窖,消毒灭菌。旧窖要打扫清洁,或将窖壁刨一层土,然后用硫黄熏蒸(每立方米用硫黄15克)。北方可采用大屋窖储藏,入窖初期进行高温愈合处理。

(2)化学防治 种用薯块入窖前用50%甲基硫菌灵可湿性粉剂500~700倍液或用50%多菌灵可湿性粉剂500倍液浸蘸1~2次,晾干入窖。

(五)甘薯黑痣病

1.识别要点

(1)发病症状 甘薯黑痣病又称甘薯黑皮病,在各地均有发生,主要是由不科学的引种、连作和栽培措施不当等原因引起的,通过种薯、薯拐和土壤传播,在低洼地、黏土地和降水集中、偏多的年份发生严重。甘薯黑痣病主要侵染块根表层,发病初期薯块表皮开始形成淡褐色小斑点,以后逐渐扩大成灰色和黑色不规则大病斑,并产生黑色霉层。薯块发病后严重影响其商品性。

甘薯黑痣病

(2)发病规律　甘薯黑痣病病菌主要在病薯块、薯藤上或土壤中越冬。翌年春育苗时,导致幼苗发病,以后产生分生孢子侵染薯块。可直接侵入表皮,最适发病温度为30~32℃。

2. 防治方法

农业防治　选用无病种薯,培育无病壮苗,建立无病留种田,实行3年以上轮作制,采用高畦或起垄种植,注意排涝,减少土壤湿度,增加土壤通透性,降低病菌的存活率。栽种时用多菌灵等杀菌剂稀释液浸苗。

二、甘薯主要虫害识别与防治

(一)甘薯地下害虫

危害甘薯的地下害虫种类很多,主要有蟋蟀、蝼蛄、地老虎、蛴螬、金针虫五大类,这些害虫全是杂食性,可同时危害很多作物。

1. 识别要点

地下害虫对甘薯的危害,有的只限于幼虫,如地老虎类;有的成虫与若虫均可危害,如蟋蟀、蝼蛄类等;有的成虫危害甘薯较轻且时间短,而幼虫危害重且时间长,如蛴螬等。地下害虫危害甘薯的方式:危害地下部茎叶的有蟋蟀、地老虎类;危害地下部薯块、薯梗的有蝼蛄、金针虫、蛴螬类。蛴螬的成虫金龟子危害甘薯地上部茎叶,蛴螬则危害地下部块根和须根。

2. 防治方法

(1)农业防治　精耕细作,消除杂草,灌水,轮作。

(2)化学防治　可结合甘薯茎线虫病的防治进行药剂浸苗,拌施毒土,毒饵诱杀,药剂喷洒。特别推荐采取农业措施防治地下害虫,化学防治必须符合国家对农产品安全生产的要求。

(3)生物防治　培养大黑金龟乳状芽孢杆菌,接种土壤内,使蛴螬感病致死。

（二）甘薯茎叶害虫

甘薯茎叶害虫主要有甘薯麦蛾、斜纹夜蛾、甜菜夜蛾、甘薯潜叶蛾和甘薯天蛾等。

甘薯麦蛾

甘薯麦蛾危害

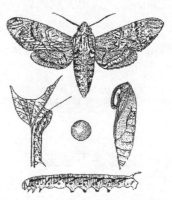

甘薯斜纹夜蛾

1. 识别要点

甘薯麦蛾以幼虫吐丝卷折甘薯叶片,并栖居其中取食叶肉,只留表皮,发生严重时,大量薯叶被卷食,严重影响产量。

甘薯天蛾以幼虫取食叶肉,影响作物生长发育。该虫近年在华北、华东等地区危害日趋严重。

斜纹夜蛾以幼虫取食叶肉。

2. 防治方法

（1）农业防治 冬、春季多耕耙甘薯田,破坏其越冬环境,杀死蛹,减少虫源;早期结合田间管理,捕杀幼虫;利用成虫吸食花蜜的习性,在成虫盛发期用糖浆毒饵诱杀,或到蜜源多的地方捕杀,以降低田间卵量。夜蛾盛发期可在甘薯地寻找叶背上的卵块,连叶摘除。

（2）化学防治 每亩用 2.5% 敌百虫粉剂 1.5~2 千克喷粉，或用 80% 敌敌畏乳剂 2 000 倍液喷雾。

（三）甘薯茎线虫

甘薯茎线虫主要危害薯块、茎蔓，造成甘薯烂种、烂窖、死苗、死秧等，使产量和品质严重降低，一般可以减产 20%~50%，严重时绝收。

甘薯茎线虫危害

1.识别要点

（1）糠心型 主要由薯苗和种薯带病引起。从薯块顶部发病逐渐向下部或四周发展，先是块根纵剖面内部呈棉絮状白色糠道，后期形成褐色糠道，故称"糠心"。这种薯块内部虽已毁坏，但外表无变化。只是重量大为减轻，用手指弹薯块有空响。

（2）裂皮型 主要由土壤带病引起。茎线虫用口针刺破外表皮，进入薯块内部危害。初期症状：肉眼不易看出，开始外皮褪色，不久变青，有的稍有凹陷或有小裂口，皮下组织变褐发软，内呈褐白相间的干腐状。

（3）混合型 糠心和裂皮两种类型混合发生。

甘薯茎线虫病有卵、幼虫、成虫三个时期，一代需 20~30 天，适宜温度为 25~30℃，以卵、幼虫和成虫在薯块和茎内越冬，种薯、种苗、雨水和农具均可传播，其抗冻、怕热、喜

63

湿、耐干、抗药力强。春薯重于夏薯,连作重于轮作,旱薄地重于肥水地,阴坡重于阳坡,丘陵旱地和沙质壤土发病最严重。

2.防治方法

要紧密结合农事操作,抓住每个环节,运用各种合理有效的栽培管理措施,进行综合防治。

(1)农业防治 ①消灭虫源。在育苗、种植和收获时集中销毁病原体。②选用抗病品种和无病种薯。种薯可用51～54℃温汤浸种,苗床用净土以培育无病壮苗。

(2)化学防治 ①药剂浸薯苗。用50%辛硫磷乳油100倍液浸10分。②薯苗移栽时穴施辛硫磷微胶囊剂或三唑磷微胶囊剂,也可用辛硫磷微胶囊剂5倍液,蘸根底部6～10厘米,浸泡5～10分处理种苗进行防治。

甘薯蚜虫

(四)甘薯蚜虫

1.识别要点

蚜虫以成、若蚜群聚在嫩叶、嫩茎和近地面的叶片上吸食汁液,造成叶面卷曲皱缩,叶片发黄、生长不良;嫩茎受害多呈畸形。两种蚜虫均能传播多种病毒,造成更大的损失。

蚜虫危害时排出大量水分和蜜露,滴落在下部叶片上,引起霉菌病发生,使叶片生理机能受到障碍,减少干物质的积累。

2.防治方法

(1)农业防治 秋冬清洁田园,烧毁枯枝落叶,消灭越冬虫源。

(2)化学防治 用3%啶虫脒乳油1 500倍液或10%吡虫啉可湿性粉剂2 000倍液或25%噻虫嗪水分散粒剂4 000倍液喷雾。

(3)物理防治 用黄板诱杀。

(五)甘薯粉虱

1.识别要点

甘薯粉虱危害主要是通过三个途径造成经济损失:一是直接吸食植物汁液;二是分泌蜜露导致煤污病的产生,从而降低光合作用能力,既影响产量,又降低产品的品质;三是传播植物病毒,使寄主植物产生病毒病。

甘薯粉虱

2.防治方法

（1）农业防治　秋冬清洁田园,烧毁枯枝落叶,消灭越冬虫源。

（2）化学防治　可用25%噻嗪酮可湿性粉剂1 500～2 000倍液或2.5%联苯菊酯乳油4 000倍液或10%吡虫啉可湿性粉剂2 500倍液或2.5%高效氯氟氢菊酯乳油2 000～3 000倍液。

（3）生物防治　释放丽蚜小蜂(在0.5头/株以下时,每隔2周放1次,共3次)。

第五章
马铃薯主要病虫害识别与防治

在马铃薯的生长周期中,会遇到多种病虫危害。有真菌性病害、细菌性病害、病毒性病害。其中真菌性病害主要有晚疫病、早疫病、炭疽病;细菌性病害主要有疮痂病、环腐病、软腐病、青枯病、黑径病等;虫害主要有蚜虫、烟青虫及地下害虫等。

一、马铃薯主要病害识别与防治

马铃薯晚疫病

(一)马铃薯晚疫病

1. 识别要点

(1)发病症状 马铃薯晚疫病在马铃薯苗期至成株期均可发病,受害叶片发病初期在叶尖或叶缘处生水渍状暗绿色斑点,潮湿时病斑迅速扩展,病部交界处不明显,叶背病斑边缘生一圈白色霉层,严重时病叶萎蔫变褐,甚至整株叶片枯焦。受害茎上着生长短不一、稍凹陷的褐色条斑。块茎染病后会在表皮上生出褐色或紫褐色大块病斑,病部皮下组织变为褐色,随病害的发展病斑可扩大至整个块茎。潮湿时病薯变褐腐烂,有腐败气味。

(2)发病规律 马铃薯晚疫病是一种真菌性病害,病菌主要以菌丝体在薯块中越冬。当日平均气温在22℃左右,降水或空气相对湿度超过90%达8小时以上,夜间10~13℃,叶上有水滴,持续11~14小时的高湿条件,马铃薯晚疫病就可能发生。发病后10~14天就会大量流行。

2. 防治方法

(1)农业防治 ①播种前,建立留种基地,选用无病种薯、脱毒种薯。②合理轮作。

66

马铃薯与非茄科作物轮作2~3年,可减少土壤中有害生物种群数量的积累,降低植株对农用化学品的依赖。③合理施肥。使用有机肥,并进行配方施肥,提升作物的抗病能力。④人工防治。发现中心病株立即拔除。

(2)化学防治 ①播种前进行切刀消毒。准备2~3把刀具,最好使用70%乙醇擦拭切刀或用0.2%高锰酸钾水溶液浸泡切刀10~15分。②药剂拌种。切好的薯块用菲格400~500倍液浸种15~20分,晾干后当天播种或使用菲格400~500倍液在薯块表面均匀喷雾,喷湿后用塑料薄膜覆盖2小时,等薯块晾干后于当天播种。③土壤消毒。可用40%噁霉福美双可湿性粉剂5千克、细沙或细土500千克制成毒土或稀释成1 000倍液进行土壤处理。④马铃薯晚疫病发病初期可喷施80%代森锌可湿性粉剂600~800倍液,地面撒施石灰也可有效控制病情蔓延。发病严重后则需要用72%霜脲锰锌可湿性粉剂600~800倍液或75%百菌清可湿性粉剂600~800倍液,每隔5~7天喷药1次,连喷3~4次。

(二)马铃薯疮痂病

马铃薯疮痂病

1. 识别要点

(1)发病症状 马铃薯疮痂病病菌一般只侵害马铃薯的块茎部分。染病初期马铃薯整个表面粗糙并伴有疮痂状的硬斑,硬斑呈褐色圆形或不规则斑点。

(2)发病规律 马铃薯疮痂病菌属于细菌性病害,病菌在土壤中腐生或在薯块上越冬。适合该病发生的温度为25~30℃,中性或微碱性沙壤土发病重。

2. 防治方法

(1)农业防治 ①建立留种基地。选用无病种薯、脱毒种薯。②合理轮作。与非茄科作物轮作2~3年,可减少土壤中有害生物种群数量的积累,降低植株对农用化学品的依赖。③合理施肥。使用有机肥,并进行配方施肥,提升作物的抗病能力。④人工防治。发现中心病株立即人工拔除。

(2)化学防治 ①播种前进行切刀消毒。准备2~3把刀具,最好使用70%乙醇擦拭切刀或用0.2%高锰酸钾水溶液浸泡切刀10～15分。②药剂拌种。切好的薯块用1%硫酸铜水溶液拌种,再在阴凉处晾干后播种;或用52.5%噁酮·霜脲水分散粒剂1 500倍液浸种。③在马铃薯花期前后每亩用86.2%氧化亚铜可湿性粉剂50克,对水50千克喷雾,可有效预防疮痂病在田间的传播侵染。

(三)马铃薯早疫病

马铃薯早疫病

1. 识别要点

(1)发病症状　马铃薯早疫病在马铃薯苗期至成株期均可发生,主要危害马铃薯叶片、叶柄和块茎。受害叶片病斑黑褐色、近圆形,严重时病叶变褐枯死。叶柄和茎秆受害,多发生于分枝处,病斑长圆形黑褐色。薯块发病,表生近圆形暗褐色病斑。潮湿时,病斑上均可生黑色霉层。

(2)发病规律　马铃薯早疫病为真菌性病害,以分生孢子或菌丝在病残体或带病薯块上越冬。翌年病苗出土,借风、雨传播。遇连阴雨或相对湿度高于70%,易于马铃薯早疫病的发生和流行。

2. 防治方法

(1)农业防治　①建立留种基地。选用无病种薯、脱毒种薯。②合理轮作。与非茄科作物轮作2～3年,可减少土壤中有害生物种群数量的积累,降低植株对农用化学品的依赖。③合理施肥。使用有机肥,并进行配方施肥,提升作物的抗病能力。④人工防治。发现中心病株立即拔除。

(2)化学防治　①播种前进行切刀消毒。准备2～3把刀具,最好使用70%乙醇擦

68

拭切刀或用 0.2% 高锰酸钾水溶液浸泡切刀 10～15 分。②药剂拌种。切好的薯块用 1% 硫酸铜水溶液浸种,再在阴凉处晾干后播种;或用 52.5% 噁酮·霜脲水分散粒剂 1 500 倍液浸种。③土壤消毒。可用 40% 噁霉福美双可湿性粉剂 5 千克、细沙或细土 500 千克制成毒土或稀释成 1 000 倍液进行土壤处理。④封垄以后,每间隔 10 天用 75% 百菌清 600～800 倍液喷洒马铃薯。⑤早疫病初期,喷施 80% 代森锰锌可湿性粉剂 800 倍液,每 7 天喷 1 次,共喷 3 次。发病严重后则需要用 75% 百菌清可湿性粉剂 600～800 倍液,每隔 5～7 天喷药 1 次,连喷 3～4 次。

(四)马铃薯环腐病

1. 识别要点

(1)发病症状　马铃薯环腐病在马铃薯苗期至成株期均可发生,但田间多在现蕾期开始发病。植株发病后,初期地上部逐渐萎蔫,叶片向内卷曲,似缺水状,后植株慢慢枯死。有时病株茎部叶片、叶尖和叶缘变褐,上生黄绿相间的斑驳,病情加重造成全叶变褐枯死,甚至全株枯死。病株茎部维管束变色较浅。块茎发病,轻者外观无症状,切开病薯,维管束变为淡黄色或

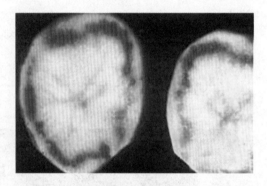

马铃薯环腐病

乳黄色,重病薯块外皮发软,粗糙,易剥离,维管束变色较深,故称环腐病。

(2)发病规律　马铃薯环腐病为细菌性病害,该病病原菌在种薯中越冬,成为翌年的初侵染源。播种病薯,可形成病苗或死苗。传播途径主要是切薯块时,病菌通过切刀带菌传染。

2. 防治方法

(1)农业防治　建立留种基地。选用无病种薯、脱毒种薯。

(2)化学防治　播种前进行切刀消毒。准备 2～3 把刀具,最好使用 70% 乙醇擦拭切刀或用 0.2% 高锰酸钾水溶液浸泡切刀 10～15 分。

(五)马铃薯病毒病

1. 识别要点

(1)发病症状　马铃薯病毒病发生在马铃薯成株期,植株染病后将影响马铃薯的整个生长过程,导致植株矮小,叶片卷曲变形,并生成颜色深浅不一的斑点。染病后期的叶片及叶柄上有灰褐色的坏死病斑。严重染病植株的叶片萎蔫皱缩,所有叶片上都产生坏死病斑,直至整个植株的地上部分逐渐枯死。

马铃薯病毒病

（2）发病规律　马铃薯病毒病通过蚜虫及汁液摩擦传毒，高温会降低寄主对病毒的抵抗力。也易于传毒媒介蚜虫的繁殖和传病，加重病害的发生。

2.防治方法

（1）农业防治　①选用脱毒、抗病品种。种植茎尖经过脱毒处理的种薯可有效地防止病毒病的发生和危害。②生长期保证充足的水肥，提高植株的抗病力。

（2）化学防治　每亩用 5%菌毒清水剂 100 毫升，每隔 10 天喷 1 次，连喷 3 次。

（六）马铃薯软腐病

马铃薯软腐病

1.识别要点

（1）发病症状　马铃薯软腐病多从马铃薯皮层伤口开始侵染块茎。染病初期块茎呈水浸状，随后薯块组织烂软并崩解，发出恶臭。

（2）发病规律　马铃薯软腐病为细菌性病害，在病残体上或土壤中越冬，经伤口或自然裂口侵入，借雨水或昆虫传播蔓延。

2.防治方法

（1）农业防治　建立留种基地，选用无病种薯、脱毒种薯。

（2）化学防治　①播种前进行切刀消毒。准备 2~3 把刀具，最好使用 70%乙醇擦拭切刀或用0.2%高锰酸钾水溶液浸泡切刀10～15分。②发病初期可喷施农用链霉素800～1 000倍液。③在马铃薯花期前后每亩用86.2%氧化亚铜可湿性粉剂50克,对水50千克喷雾,可有效预防软腐病在田间的传播侵染。

(七)马铃薯青枯病

1.识别要点

(1)发病症状　马铃薯感染青枯病后,整个植株叶片开始萎蔫,随后下垂,早晚恢复正常,一般发病4～5天后全株死亡,但植株的地上部分仍保持青绿色。当气温偏低时,感染病株的茎秆基部纵剖面维管束呈褐色。染病后期整个块茎内部腐烂成空洞。

马铃薯青枯病

(2)发病规律　马铃薯青枯病为细菌性病害,病菌在病残体上或土壤中越冬,经伤口或自然裂口侵入,借雨水或昆虫传播蔓延,一般酸性土壤发病重。田间土壤含水量高或阴雨天后转晴,气温急剧升高,发病重。

2.防治方法

(1)农业防治　建立留种基地,选用无病种薯、脱毒种薯。

(2)化学防治　①播种前进行切刀消毒。准备2～3把刀具,最好使用70%乙醇擦拭切刀或用0.2%高锰酸钾水溶液浸泡切刀10～15分。②发病初期可喷施农用链霉素800～1 000倍液。在马铃薯花期前后每亩用86.2%氧化亚铜可湿性粉剂50克,对水50千克喷雾,可有效预防软腐病在田间的传播侵染。

二、马铃薯主要虫害识别与防治

马铃薯的生长过程中遭遇的虫害主要有烟青虫、蚜虫、地下害虫等。

(一)马铃薯蚜虫

1.识别要点

蚜虫主要危害马铃薯叶片,在叶片幼嫩的顶部取食,这将会使马铃薯植株顶部幼嫩部分的生长受到严重影响,造成产量降低,同时也会传播病毒病。

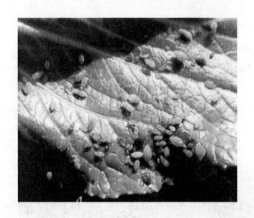

马铃薯蚜虫

2. 防治方法

（1）农业防治　当气温在 15～25℃时，对蚜虫的防治单靠药剂喷洒效果往往不甚理想，此时需要加强田间管理，及时清除田间杂草，不给蚜虫留繁殖藏身场所。

（2）化学防治　对蚜虫等叶部虫害可用菊酯类、蚜虫净等药剂防治。每亩可喷施 10% 吡虫啉可湿性粉剂 20～30 倍液或 20% 氰戊菊酯乳油 50 毫升或 25% 杀虫双乳油 50 毫升。

（二）马铃薯地下害虫

马铃薯的生长过程中遭遇的地下害虫主要有蛴螬、金针虫、地老虎。

1. 识别要点

蛴螬主要危害马铃薯的根和块茎部分。金针虫咬食薯块和幼苗的茎部和根部。地老虎取食叶片、心叶、嫩头、幼芽，截断幼茎。

2. 防治方法

（1）农业防治　①深翻土。对土壤进行深翻，这样就将害虫裸露在地表，害虫就会在外界气候的作用下被杀死。②除草。对耕地进行除草，破坏害虫寄生的环境。③合理施肥。肥料充足，根系发育快，苗齐苗壮，可增加抗虫性。

蛴螬

（2）化学防治　①播前施药。可在播种前或机播时，每亩用 10% 吡虫啉湿拌种剂 200 毫升对水 75 千克，或 3% 辛硫磷颗粒剂 5 千克加细土 15 千克，进行药液喷施或毒土撒施。②灌根。地下害虫发生严重的地块，在马铃薯出苗至开花期，用 80% 晶体敌百虫 700 倍液或 2.5% 高效氯氟氰菊酯乳油 17 毫升，对水 45 千克灌根，每株灌药液 100～150 毫升，每隔 7～10 天灌根 1 次，连续灌根 2～3 次。

（3）生物防治　灯光诱杀。悬挂频振式杀虫灯，灯高 1.5 米，每盏灯控制面积 30～60 亩，能有效捕杀地老虎。

（三）马铃薯棉铃虫、烟青虫

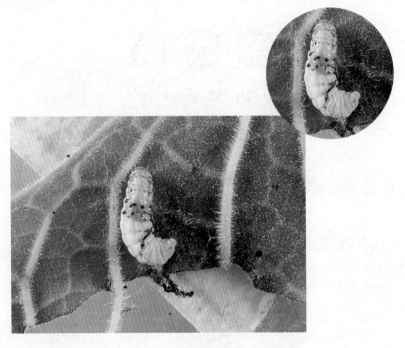

马铃薯烟青虫

1. 识别要点

两种虫害幼虫相似,主要采食马铃薯叶片。

2. 防治方法

（1）农业防治　①深翻土。②除草,对耕地进行除草,破坏害虫寄生的环境。

（2）化学防治　当平均100株有20头1~2龄幼虫时便可施药,药剂选用1.8%阿维菌素乳油2 000~2 500倍液喷雾防治。

（3）物理防治　灯光诱杀。悬挂频振式杀虫灯,灯高1.5米,每盏灯控制面积30~60亩。

第六章
西瓜主要病虫害识别与防治

一、西瓜主要病害识别与防治

(一)西瓜猝倒病

西瓜猝倒病是西瓜苗期的一种病害,特别是苗床育苗的幼苗最容易发生。如不及时治疗可能引起成片幼苗受害而突然倒伏死亡。

西瓜猝倒病

1. 识别要点

(1)发病症状 西瓜幼苗被猝倒病病菌侵害后,最初接近地面处出现水渍状病斑。病斑迅速绕茎一周,变为褐色,病部软化,病株容易突然倒伏。病部表皮很容易脱落,维管束缢缩似线。染病植物除病部外,几乎与正常植株没有区别,在短期内仍然是绿色。

(2)发病规律 西瓜猝倒病为真菌性病害,病菌腐生性很强,以卵孢子或菌丝在病株残体或土壤中越冬。在土温 10 ~ 15℃,湿度大或夜温很低,白天光照不足时病菌繁殖最快,温度在30℃以上则受到抑制或不发病。

2. 防治方法

(1)农业防治 选用无病新土育苗。在没有种过瓜类作物的大田取土建床,肥料(有机肥)要充分腐熟。

（2）化学防治　①苗床土壤杀菌。用50%多菌灵可湿性粉剂按每平方米25克与20千克细土混合撒施在苗床上。②药剂拌种。播种时,可用种子量0.3%的70%代森锰锌可湿性粉剂或50%多菌灵可湿性粉剂或50%福美双可湿性粉剂拌种。③喷药或灌药防治。在苗床或直播田间发现个别猝倒病苗时,应立即把病苗及病根部附近土壤挖除深埋,对正常苗普遍喷药或灌根处理。可用72.2%霜霉威水剂700倍液,75%敌克松可溶性粉剂800倍液喷雾或灌根。喷雾时使药液能够顺叶片流到茎基部为宜。直播田块灌根时,每株用0.15～0.25千克药液效果最佳。

（二）西瓜蔓枯病

西瓜蔓枯病又名黑腐病、斑点病,西瓜的蔓、叶和果实都能受其危害,以蔓、叶受害最重。

1. 识别要点

（1）发病症状　西瓜叶片受害,最初出现褐色小点,有不明显的同心轮纹,空气潮湿时,全叶枯死。老病斑上出现小黑点,病叶干枯时病斑呈星状破裂,连续阴雨天气,病斑迅速发展可遍及全叶,叶片变黑而枯死。茎部主要在茎节附近,先产生水渍状病斑,椭圆形或不规则形,后变灰褐色,密生小黑点,干枯稍凹

西瓜蔓枯病

陷。果实染病后,病斑肿胀较明显,发病后期病斑褐色部分呈星状开裂,内部木栓化干腐。

（2）发病规律　西瓜蔓枯病由真菌引起,无性时代属半知菌亚门真菌,有性时代属子囊菌亚门,以分生孢子器或子囊壳随病残体在土壤中或附着在种子上、温室大棚架杆上越冬,以风雨和灌溉水传播,自植株气孔、水孔或伤口侵入。病菌适应性强但对温度要求不严格,病菌在5～35℃温度范围内,可以侵染,20～30℃为发育适宜温度,在55℃的条件下,10分即死亡。要求相对湿度为85%,高温、高湿利于病害的发生与流行。在管理过程中,施肥不足、植株生长衰弱、通风透光不良,易发病。设施栽培较露地栽培发病重的关键原因就是棚室一般湿度大。西瓜蔓枯病危害严重,来势猛,流行快,损失大。此病害在适宜环境条件下,尤以多雨的年份发病快,流行迅速,7～10天可以毁园,造成惨重损失。

2. 防治方法

（1）农业防治　①选用无病种子和种子消毒。从远离病株的健株上采种,对可能带

菌的种子,进行消毒处理,例如55℃温水浸种15分。②加强栽培管理。创造比较干燥、通风良好的环境条件。避免阴天浇水,争取浇后连晴。防止大水漫灌,浇水后如遇连续阴雨,注意中午进行短时排湿。发现病株立即拔掉烧毁,并喷药防治。③及时进行整枝,以利田间通风透光。

(2)化学防治　发病初期用75%百菌清可湿性粉剂600倍液或70%甲基硫菌灵可湿性粉剂800倍液喷雾,发病中期可用70%代森锰锌可湿性粉剂500～600倍液或25%嘧菌酯悬乳剂1 500～2 000倍液或4%农抗120水剂600倍液喷雾,每隔7天喷1次,如病势发展很快,也可3～4天喷1次药。

(三)西瓜枯萎病

西瓜枯萎病又叫蔓割病、萎蔫病,是瓜类作物的主要病害之一,以西瓜、黄瓜受害最重,冬瓜、甜瓜次之,南瓜、瓠瓜、葫芦等抗病。

西瓜枯萎病

1. 识别要点

(1)发病症状　西瓜整个生长期都能发病,但以抽蔓期到结果期发病最重。出苗前可造成烂种,出土后发病,子叶、真叶呈失水状萎蔫,茎基部变褐收缩呈猝倒状,拔出病株可见根部黄褐色腐烂。成株期受害,初期病株下部叶片呈失水状萎蔫,似水烫状,茎蔓基部向上褪绿。最初萎蔫中午尤为明显,但早晚可恢复,3～6日后整株叶片枯萎下垂,不能复原,后期病部呈棕褐色,发软,常纵裂,有松脂状胶状物溢出,俗称"吐红水"。在潮湿条件下病株基部布满白色或粉红色霉状物,即病原的分生孢子,剖视茎基部至根部,可见维管束变黄褐色。病根根系变暗褐色腐烂,极易拔起。严重时瓜秧枯死,但叶片不脱落。

(2)发病规律　西瓜枯萎病病菌由半知菌亚门的尖镰孢菌西瓜专化型的真菌侵染引起。主要以菌丝、厚垣孢子或菌核在未腐熟的有机肥或土壤中越冬,成为翌年主要侵染源,其病菌适宜温度为25～30℃,土温低于23℃、高于34℃,发病轻;土壤含水量高,湿度大时发病重。病菌能在土壤中存活6年,菌核、厚垣孢子通过家畜消化道后仍具生活力。采种时厚垣孢子可粘于种子上,导致商品种子带菌率高,播种带病种子,发芽后病菌即侵入幼苗,成为次要侵染源。西瓜根的分泌物刺激厚垣孢子萌发,从根毛顶端细胞间或根部伤口侵入,先在细胞内或薄壁细胞间生长后进入维管束,在导管内发育,分泌果胶

76

酶和纤维素酶,破坏细胞,阻塞导管,干扰新陈代谢,致西瓜萎蔫、中毒枯死。西瓜枯萎病系土传病害,发病程度取决于当年侵染的菌量。生产上遇有日照少、连阴雨天多、降水量大及土壤黏重、地势低洼、排水不良、管理粗放的连作地,西瓜根系发育欠佳,发病重。此外,氮肥过量,磷钾肥不足,施用未充分腐熟的带菌有机肥,或土壤中含钙量高,黄守瓜及地下害虫危害重,均易诱发此病。西瓜枯萎病盛发于坐果期,病势扩展迅速,有的几天或十几天即蔓延全田。

2. 防治方法

(1)农业防治 ①加强栽培管理。选用抗病品种,培育无病种苗。实行 7 年以上轮作,提倡西瓜与玉米或甘蔗轮作,也可实行水旱轮作。控制氮肥施用量,增施磷钾肥及微量元素。特别注意不能用瓜类作物的蔓叶沤肥,避免施用带菌的堆肥或厩肥,新鲜的有机肥必须充分发酵腐熟后才可施用,酸性土壤应施入适量石灰进行改良后才可种西瓜。②嫁接换根。利用葫芦、瓠瓜、南瓜等做砧木进行嫁接,可有效防治枯萎病的发生。

(2)化学防治 ①种子处理。播种前用 40% 甲醛配成 150 倍液,浸种 1 ~ 2 小时后捞出,冲洗晾干;或用 50% 多菌灵可湿性粉剂 1 000 倍液,浸种 30 ~ 40 分;或用 10% 漂白粉溶液浸种 10 分,取出后用 50% 苯菌灵可湿性粉剂拌种。②撒施毒土。苗床及土壤用 40% 五氯硝基苯可湿性粉剂或 50% 多菌灵可湿性粉剂 1 千克加 200 千克苗床营养土拌匀后撒入苗床或定植穴中,也可用 50% 多菌灵可湿性粉剂 1 千克或 40% 拌种双可湿性粉剂 1 千克对入 25 ~ 30 千克细土或粉碎的饼肥,于播种前撒于定植穴附近,与土混合后,隔 2 ~ 3 天播种。③大田防治。坐果初期开始喷施 10% 双效灵水剂 200 倍液或 50% 苯菌灵可湿性粉剂 800 ~ 1 000 倍液或 20% 甲基立枯磷乳油 900 ~ 1 000 倍液,或 50% 多菌灵可湿性粉剂 1 000 倍液加 15% 三唑酮可湿性粉剂 4 000 倍液,隔 10 天左右 1 次,连喷 2 ~ 3 次,每次喷药须在晴天下午,以防产生日灼。此外,也可在坐果前后开始喷洒液体法生产的细胞分裂素 500 ~ 600 倍液,隔 7 ~ 10 天 1 次,连喷 3 ~ 5 次,可增强抗病力,如能在细胞分裂素中加入 0.2% 的磷酸二氢钾或 0.5% 尿素或西瓜植保素(硼砂 6 克、50% 多菌灵可湿性粉剂 10 克、磷酸二氢钾 10 克,对水10 ~ 15 升),增产防病效果更好。

(四)西瓜病毒病

西瓜病毒病也叫花叶病、毒素病、疯秧子、青花。

1. 识别要点

(1)发病症状 西瓜病毒病主要分为花叶型和蕨叶型两种。花叶型病株的叶子上有黄绿相间的花斑,叶面凹凸不平,新生出的叶子畸形,蔓的顶端节间缩短;蕨叶型病株呈矮化型,新生出的叶子狭长、皱缩、扭曲。病株发育不良难于坐果,轻者尚能结果,但果小,表皮有瘤状突起。重者植株萎缩,茎变短、变细、扭曲,花器发育不良,即使坐果也

西瓜病毒病

多为畸形果。

(2)发病规律　西瓜病毒病是由花叶病毒侵染所致。西瓜种子可以带病毒传播;在西瓜生长期间病毒主要由蚜虫带毒传播。另外,进行整枝、打杈等田间管理工作也可将病毒从病株传至健康株,病毒从伤口侵入而发病。在高温、干旱、强光照下通过媒体蚜虫及汁液接触传播,土地瘠薄、植株缺肥、管理粗放、生长势弱、缺水的地块容易发生此病。西瓜病毒病主要在夏季发生,即春西瓜的生长中后期,露地西瓜发病重于地膜覆盖西瓜,地膜覆盖西瓜发病重于大棚西瓜。

2. 防治方法

(1)农业防治　①加强田间管理,选用抗病品种。②种植西瓜的地块要远离甜瓜地、西葫芦地,防止甜瓜、西葫芦上的病毒经蚜虫传给西瓜,发现病株应立即拔除烧掉。③进行整枝、授粉等田间管理工作时,注意减少损伤,打杈尽量在晴天阳光下进行,使伤口迅速干缩。④注意追肥,增施钾肥,及时浇水防止干旱,使西瓜植株生长健壮,提高抗病能力。

(2)化学防治　①药剂浸种。如果种子可能带有病毒,应用10%磷酸三钠药液浸种20分,或用70℃恒温干热处理种子72小时,杀灭种子携带的病毒。②消灭蚜虫。田间防治蚜虫要及时,可选用40%氧乐果1 000倍液或20%菊马乳油2 000倍液或10%吡虫啉可湿性粉剂2 000倍液。③发病初期开始喷施20%病毒A可湿性粉剂500倍液或1.5%植病灵水乳剂800倍液,隔7天左右1次,连喷2~3次即可。

(五)西瓜炭疽病

炭疽病是西瓜的一种重要病害,属真菌性病害,俗称黑斑病、洒墨水。

1. 识别要点

(1)发病症状　炭疽病在西瓜苗期至成株期均可发病,西瓜叶片及瓜蔓受害重,在瓜类的整个生长期都能发病,以中、后期发病较严重。幼苗期发病,子叶上出现圆形或半圆形褐色病斑,生有黑色点或淡红色黏稠物,发展到幼茎基部变成黑褐色,病斑缢缩,猝倒而死。成株期发病,在受害的叶片上最初出现水浸状纺锤形或圆形斑点,很快干枯呈黑色病斑,外围扩大后常互相联合,导致病区干燥破碎,叶片枯死。在潮湿条件下,病斑上产生粉红色小点,后变为黑色。果实上发病,开始出现暗绿色水渍状小斑点,病斑扩大

西瓜炭疽病

后成为圆形或椭圆形凹陷,暗褐色至黑褐色,凹陷处龟裂。幼果被害后往往整个果实变黑,皱缩和腐烂。

(2)发病规律 西瓜炭疽病是由葫芦科炭疽菌属病原菌所致的一种传染性病害,病原菌主要附着于病残体上在土壤中越冬。翌年越冬后的病菌发育成为分生孢子盘,产生大量分生孢子,成为主要的初侵染源。病菌的分生孢子主要靠风吹、雨溅、水冲及整枝压蔓等农事活动传播。种子附着的菌丝体,在种子播种发芽后,可以直接侵入危害子叶。西瓜染病后,病部又产出大量分生孢子,借风雨及灌溉水传播,进行再侵染。湿度大是诱发炭疽病的主要因素,气温 20~24℃,相对湿度90%~95%适其发病。气温高于28℃、湿度低于54%,发病轻或不发病。地势低洼、排水不良或氮肥过多、通风不良、重茬地发病重。重病日或雨后收获的西瓜在储运过程中也会发病。

2.防治方法

(1)农业防治 加强田间管理。重病区要实行 3 年以上轮作。避免在低畦、排水不良的地种瓜。要注意配方施肥、施用腐熟有机肥。选择沙质土,防止积水,雨后及时排水,合理密植,及时清除田间杂草。

(2)化学防治 ①种子处理。播种前用55℃温水浸种 15 分后冷却或用40%福尔马林 150 倍液浸种 30 分后用清水冲洗干净,再放入冷水中浸 5 小时,西瓜品种间对福尔马林敏感程度各异,应先试验,避免产生药害。或用硫酸链霉素 150 倍液,浸种 15 分,捞出后用清水冲洗干净再催芽播种。②大田喷雾。保护地和露地发病初期,喷洒 50% 甲基硫菌灵可湿性粉剂 800 倍液加 75% 百菌清可湿性粉剂 800 倍液,或 50% 多菌灵可湿性粉剂 800 倍液加 75% 百菌清可湿性粉剂 800 倍液,混合喷洒。此外,还可选用 36% 甲基硫菌灵悬浮剂 500 倍液或 80% 炭疽福美可湿性粉剂 800 倍液,隔 7~10 天喷 1 次,连喷 2~3 次。③大田烟熏。保护地种植西瓜可用 45% 百菌清烟剂,每亩每次 250 克,或 5% 百菌清粉尘剂,每亩每次 1 千克,隔 8~10 天用 1 次,连续或交替使用 2~3 次。

西瓜细菌性角斑病

（六）西瓜细菌性角斑病

1. 识别要点

（1）发病症状　西瓜细菌性角斑病病害主要发生在西瓜叶、叶柄、茎蔓、卷须及果实上。子叶得病生出圆形或不规则的黄褐色病斑；叶片上病斑初呈水渍状，后扩大并呈黄褐色、多角形病斑，有时叶背面病部溢出白色菌脓，后期病斑干枯，易开裂；茎蔓和果实上病斑呈水渍状，表面溢出大量黏液，以后果实病斑处开裂，形成溃烂，从外向里扩展，可延及种子。

（2）发病规律　西瓜细菌性角斑病病害是由细菌中假单胞杆菌侵染所致。病原细菌在种子上或随病残体留在土壤中越冬，成为翌年的初侵染源。病原细菌借风雨、昆虫和农事操作中人为的接触进行传播，从寄主的气孔、水孔和伤口侵入。细菌侵入后，初在寄主细胞间隙中，后侵入到细胞内和维管束中，侵入果实的细菌则沿导管进入种子。温暖、高湿条件即气温21～28℃，相对湿度85%以上，有利于发病，低洼地及连作地块发病重。

2. 防治方法

（1）农业防治　加强田间管理，与非瓜类实行2年以上轮作。氮、磷、钾配合使用，早播松土，苗期少浇水，生长期科学用水，及时清除病叶、病果及病株残体；生长期间或收获后清除病叶、病株并深埋，实行深耕。

（2）化学防治　①种子处理。用55℃温水浸种15分，捞出在冷水中冷却，或用硫酸链霉素5 000倍液浸2小时，冲净晾干，或用70℃干热灭菌72小时。②发病初期喷洒30%琥胶肥酸铜500～600倍液或农用链霉素200倍液或70%甲霜铝铜250倍液。此外还可以用50%代森锌1 000倍液或1∶2∶（300～400）倍的波尔多液，每5～7天喷1次，连喷3～4次。每亩的用药量，按植株大小适当增减，以叶面、植株均匀喷洒为准，幼苗期用量少些，后期植株高大，适当多些。

二、西瓜主要虫害识别与防治

（一）西瓜蚜虫

蚜虫是瓜类常见的害虫，也是西瓜生产中第一大害虫，应坚持预防、早治的原则，否则严重影响瓜苗的生长。

1. 识别要点

瓜蚜主要以成蚜和若蚜密集在植株嫩头和叶背吸食植物汁液。叶片受害后多形成皱缩、畸形以致向叶面卷缩，严重危害时，植株生长发育迟缓，甚至停滞，开花、坐果延迟，果实变小，大大降低果实的含糖量及品质。瓜蚜还能传播病毒病，造成更大的危害，使得病株早衰早枯，结瓜期缩短，造成严重减产。瓜蚜还可随风传播，窝风地受害重于通

西瓜蚜虫

风地。雨季到来之后，蚜群的发展受抑，降水的强度和频率与蚜害轻重呈负相关。干旱、高温、少雨的年份蚜虫大发生。生产的环境高温、缺水、植株瘦弱也能引起蚜虫危害加重。瓜蚜只能在保护地（温室、暖房）内过冬或继续繁殖，但近些年，随西瓜保护地生产的不断增加，其卵周年可以生产，所以给蚜虫创造了繁衍生机的有利条件，也造成了保护地西瓜蚜虫危害西瓜生产的一大问题。瓜蚜5月由越冬寄主迁入西瓜地继续繁殖危害，形成点片发生阶段，6月可出现大量有翅蚜，形成大面积的普遍发生，西瓜收获后，有翅蚜和无翅蚜交配，飞回越冬寄主上产卵越冬。

2. 防治方法

化学防治　①消除蚜源。保护地内冬季继续繁殖的蚜虫，用敌敌畏乳油每亩50～100毫升熏烟，把棚密闭3小时，连续进行2～3次，可以全部灭掉。②早春灭蚜。越冬卵孵化后，繁殖2～3代才产生有翅蚜，应喷药灭蚜。种植前，约在4月上旬消除瓜田内的杂草，消灭越冬瓜蚜。③当蚜虫点片发生时，开始对发生的植株进行喷药防治，喷药后5～6天后检查1次叶片背面，应再喷1次药；在普遍发生阶段，一般隔5～6天喷药1次，连续喷3次即可，喷药时对叶片背面和幼嫩瓜蔓应多加注意。危害重的叶片，应加大喷药量，以药液在叶子背面形成液流为度。④育苗期间若发现有蚜虫，可定植前喷一次40%氧乐果乳油1 000～1 200倍液；随着植株的增长，还可用2.5%三氟氯氟菊酯乳油3 000倍液或2.5%联苯菊酯乳油3 000倍液或20%甲氰菊酯乳油2 000倍液或2.5%溴氰菊酯乳油3 000倍液等药剂，每隔5～7天喷1次。保护地可以使用杀蚜烟剂进行熏杀。

（二）西瓜白粉虱

西瓜白粉虱为西瓜保护地栽培的主要虫害之一。

西瓜白粉虱

1.识别要点

白粉虱主要靠成虫和若虫吸食植物汁液危害,在北方温室1年可以发生10代以上。被害叶片褪绿、变黄、萎蔫甚至全株枯死。此外由于其繁殖力强,繁殖速度快,群聚危害,并分泌大量蜜液,严重污染叶片和果实,往往引起煤污病的大发生,不仅妨碍光合作用,还严重影响果实的商品价值。

2.防治方法

(1)农业防治　栽培措施。一是提倡温室第一茬种白粉虱不喜食的十字花科蔬菜,例如,芹菜、蒜黄等较耐低温的蔬菜作物,减少黄瓜、番茄的种植面积。二是苗房和生产温室分开,培育无虫苗,把好育苗关。育苗前彻底熏杀残余虫源,清理杂草和残株,以及在通风口密封尼龙纱网,控制外来虫源。三是避免黄瓜、菜豆、番茄混栽,避免在温室大棚附近栽植黄瓜、番茄、茄子、菜豆等白粉虱发生严重的蔬菜。

(2)化学防治　由于白粉虱世代重叠,在同一时间同一作物上存在各种虫态,而当前没有药剂对所有虫态同时有效,所以喷药必须连续3次以上。可选用10%噻嗪酮乳油1 000倍液或20%甲氰菊酯乳油2 000倍液或2.5%联苯菊酯乳油3 000倍液喷雾防治。

(3)生物防治　可以人工繁殖释放丽蚜小蜂,温室内白粉虱成虫在0.5头/株以下的每隔2周放1次,共放3次;也可在温室内建立寄生蜂种群控制白粉虱的危害。

(4)物理防治　白粉虱对黄色有强烈的趋向性,尤其以橙黄色最强,可在温室内设置黄板诱杀成虫。方法是利用废旧纤维板或硬纸板用油漆涂为橙黄色,再涂上一层粘油(可用10号机油),每亩设置32～34块,置植株同等高度。当白粉虱沾满时重新涂粘油。

(三)西瓜黄守瓜

黄守瓜又叫黄萤子、瓜萤子,是普通分布的害虫。

1.识别要点

黄守瓜有趋黄习性,成虫危害叶片、花蕾等,幼虫在地下危害根部。黄守瓜每年发生代数因地而异。中国北方每年发生1代,各地均以成虫越冬,常十几头或数十头群居在避风向阳的田埂土缝、杂草落叶或树皮缝隙内越冬。翌年春季温度达6℃时开始活动,

10℃时全部出蛰。瓜苗出土前,先在其他寄主上取食,待瓜苗生出3~4片真叶后就转移到瓜苗上危害。华北约为5月中旬,越冬代成虫4月下旬至5月上旬转移到瓜田危害,7月上旬第1代成虫羽化,7月中、下旬产卵,第2代成虫于10月进入越冬期。

凡早春气温上升早,成虫产卵期雨水多,发生危害期提前,当年危害可能就重。黏土或壤土由于保水性能好,适于成虫产卵和幼虫生长发育,受害也较沙土重。连片早播早出土的瓜苗较迟播晚出土的受害重。

西瓜黄守瓜成虫

虫卵不耐寒,在零下8℃以下,12小时后即全部死亡。卵的抗逆性强,浸水144小时后还有75%孵化,在高温45℃下受热1小时,孵化率可达44%。幼虫孵化需要高湿,在温度25℃、相对湿度75%时不能孵化,相对湿度90%时孵化率仅15%,相对湿度100%时能全部孵化。幼虫和蛹不耐水浸,若浸水24小时就会死亡。

2. 防治方法

首先要抓住成虫期,可利用趋黄习性,用黄盆诱集,以便掌握发生期,及时进行防治;防治幼虫应在瓜苗初见萎蔫时及早施药,以尽快杀死幼虫。苗期受害影响较成株大,应列为重点防治时期。

(1)农业防治 ①栽培措施。春季将瓜类秧苗间种在冬作物行间,能减轻危害;合理安排播种期,以避过越冬成虫危害高峰期。②捕捉成虫。趁早晨露水未干之前,根据被害症状在瓜叶下捕捉成虫。

(2)化学防治 瓜苗生长到4~5片真叶时,视虫情及时施药。防治越冬成虫可喷施90%晶体敌百虫1 000倍液或50%敌敌畏乳油1 000~1 200倍液;幼苗初见萎蔫时,用50%敌敌畏乳油1 000倍液或90%晶体敌百虫1 000~2 000倍液灌根,杀灭根部幼虫。

三、西瓜生理病害识别与防治

非侵染性病害又叫生理性病害,是由于各种不合理的栽培管理措施或植株对环境因素不能适应而导致植株生物障碍而引起的异常现象。

(一)西瓜僵苗

1. 识别要点

(1)发病症状　僵苗在苗期和定植后均能发生,其主要表现是长期处于停滞状态,幼苗和植株生长量小,展叶慢,叶色浅,原有子叶和真叶变黄,地下根发黄,甚至褐变,新生白根少,即使条件适合生长,恢复仍很慢,严重影响产量。

(2)发病原因　僵苗主要是由于不良气温、土温低、土质黏重、含水量高、苗龄过长、施用未腐熟肥料或化肥较多,土壤浓度过高而伤根,地下害虫危害根部所致。

2. 防治方法

①提高温度,培育健壮苗,苗龄控制在30～35天定植。②防止定植后出现长时间阴雨天或气温过低。③施用腐熟农家肥,切忌化学肥料过多。

(二)西瓜封顶苗

1. 识别要点

(1)发病症状　西瓜幼苗生长点退化、不能正常抽生新叶,只有两片子叶,有的虽能形成几片真叶,新蔓与幼叶生长明显变缓甚至停止,严重者幼苗的生长点弯曲并消失,呈现自封顶现象。

(2)发病病因　对封顶苗发病的原因没有确切说法,可能是由于温度过低、弱光条件造成的,据观察,早春保护地栽培大果型中晚熟品种比早熟品种发生严重,其次是陈旧种子或种胚发育不良。

2. 防治方法

如果在幼苗期出现生长点没有或消失现象,一般不必惊慌,设法提高苗床的地温和气温,当环境条件恢复正常时,仍可长出新叶,只要幼苗无其他病害可定植,但生育期会推迟,对产量和品质影响不大。

(三)西瓜畸形果

1. 识别要点

(1)发病症状　畸形瓜主要有一头大、一头小形,或一边大、一边小形,葫芦形,空洞果,裂果等,严重影响西瓜的商品性和经济价值。

(2)发病原因　①花芽分化不良。②开花授粉时遇低温,花粉发芽受阻,受精不良,种子偏向一边,而致使果实一边大、一边小。③水分供应不匀和不足。④土壤中缺乏微量元素。

2. 防治方法

①加强苗床管理,培育壮苗。②进行工人辅助授粉。③确保水分供应。④选择第二或第三个雌花授粉。⑤补充微量元素。

第七章
甜瓜主要病虫害识别与防治

甜瓜的主要病害有炭疽病、枯萎病、疫霉病、蔓枯病、病毒病、白粉病、霜霉病、真菌性叶枯病、细菌性叶斑病、幼苗期猝倒病等。甜瓜主要害虫有蚜虫、黄守瓜、红蜘蛛及地下害虫地老虎、金针虫、种蝇、蛴螬、蝼蛄等。

甜瓜的病虫害与西瓜的病虫害类似，但是比西瓜的病虫害多。相同的病虫害，猝倒病、蔓枯病、枯萎病、病毒病、炭疽病、细菌性角斑病、蚜虫、黄守瓜、白粉虱的发生和防治方法可以参考西瓜病虫害防治。

一、甜瓜主要病害识别与防治

（一）甜瓜霜霉病

1. 识别要点

（1）发病症状　甜瓜霜霉病主要危害叶片。子叶发病，表现正面不均匀褪绿、黄化，逐渐转为不规则的枯黄斑。潮湿情况下发病，叶片反面为一层疏松的灰色或紫黑色霉层，子叶很快变黄枯干。苗期以后发病，在叶片正面隐约可见淡黄色病斑，无明显边缘，黄色病斑的反面出现多角形病斑，边缘水渍状，在清晨露水未干时观察尤其明显。病斑继续发展，正面为黄褐色至褐色病斑，反面形成一层灰色至紫黑霉层；遇高温干燥时病斑停止发展而枯干，背面不产生霉层。

甜瓜霜霉病

（2）发病规律　甜瓜霜霉病为真菌性病害，遇潮湿、露水大时最易流行。

85

2.**防治方法**

(1)农业防治　加强田间管理。重病区要实行 3 年以上轮作。避免在低畦、排水不良的地种瓜。要注意配方施肥、施用腐熟有机肥。选择沙质土,防止积水,雨后及时排水,合理密植,及时清除田间杂草。

(2)化学防治　①种子处理。播种前用 55℃ 温水浸种 15 分后冷却,或用 40% 福尔马林 150 倍液浸种 30 分后用清水冲洗干净,再放入冷水中浸 5 小时,甜瓜品种间对福尔马林敏感程度各异,应先试验,避免产生药害。②大田防治。用 68.75% 噁唑·锰锌水分散粒剂 1 000 倍液或 80% 代森锰锌可湿性粉剂 600 倍液或 25% 嘧菌酯悬浮剂 1 500 ~ 2 000 倍液或 72% 霜脲·锰锌湿性粉剂 600 倍液或 64% 噁霜·锰锌可湿性粉剂 600 ~ 800 倍液等喷雾防治。

甜瓜白粉病

(二)甜瓜白粉病

1.**识别要点**

(1)发病症状　甜瓜白粉病可侵染叶片、茎部和叶柄。发病初期叶片产生淡黄色小粉点,扩大后为白色圆形霉斑,一般见于叶正面,在环境条件适宜时霉斑迅速扩大连成一片,使全叶布满白色粉状物,严重时叶片枯黄卷缩,但不脱落。后期霉斑变灰,其上长出许多小黑点。

(2)发病规律　甜瓜白粉病为真菌性病害,在保护地瓜类作物或病残体上越冬,借气流和雨水传播。高温干旱与高湿条件交替出现,又有感染的寄主,易流行发病。气温 16 ~ 24℃ 时发病严重。在植株徒长、枝叶过密、通风不良、光照不足时发病较重。

2.**防治方法**

(1)农业防治　加强田间管理,重病区要实行 3 年以上轮作。避免在低畦、排水不良的地种瓜。要注意配方施肥、施用腐熟有机肥。选择沙质土,防止积水,雨后及时排水,合理密植,及时清除田间杂草。

(2)化学防治　①种子处理。播种前用 55℃ 温水浸种 15 分后冷却,或用 40% 福尔马林 150 倍液浸和 30 分后用清水冲洗干净,再放入冷水中浸 5 小时,甜瓜品种间对福尔马林敏感程度各异,应先试验,避免产生药害。或用硫酸链霉素 150 倍液,浸种 15 分,捞出后用清水冲洗干净再催芽播种。②大田防治。选用 15% 三唑酮可湿性粉剂 1 000 ~ 1 500 倍液或 50% 甲基硫菌灵可湿性粉剂 600 ~ 1 000 倍液或 25% 乙醚酚悬浮剂 1 500 ~

2 500倍液或10%苯醚菌酯悬浮剂1 000～2 000倍液等喷雾防治。

(三)甜瓜疫病

1.识别要点

(1)发病症状　甜瓜疫病病菌可侵染幼苗、茎、叶及果实。子叶受害呈圆形暗绿色病斑,中央部分逐渐变成红褐色,幼苗近地表处显著倒伏枯死。叶片受害初期呈暗绿色病斑,天气潮湿时软腐似水煮状;天气干燥时,为淡褐色,干枯缢缩,易脆裂。茎基部受害时呈暗绿色水渍状病斑,病部缢缩软腐,但维管束不变色,这是与枯萎病的主要区别。

甜瓜疫病

(2)发病规律　甜瓜疫病为真菌性病害,在种子上或随病残体在土中越冬,借风、水传播。病害发生的适宜温度为28～30℃。病菌孢子萌发需要较高的湿度条件,因此雨后或大水漫灌发病严重。

2.防治方法

(1)农业防治　加强田间管理。重病区要实行3年以上轮作。避免在低洼、排水不良的地块种瓜。要注意配方施肥、施用腐熟有机肥。选择沙质土,防止积水,雨后及时排水,合理密植,及时清除田间杂草。

(2)化学防治　①种子处理。播种前用55℃温水浸种15分后冷却,或用40%福尔马林150倍液浸种30分后用清水冲洗干净,再放入冷水中浸种5小时,甜瓜品种间对福尔马林敏感程度各异,应先试验,避免产生药害。②大田防治。用68.75%噁唑·锰锌水分散粒剂1 000倍液或80%代森锰锌可湿性粉剂600倍液或25%嘧菌酯悬浮剂1 500～2 000倍液或72%霜脲·锰锌可湿性粉剂600倍液或64%噁霜·锰锌可湿性粉剂600～800倍液等喷雾防治。

二、甜瓜主要虫害识别与防治

甜瓜红蜘蛛

1.识别要点

红蜘蛛以成虫、幼虫或若虫群聚在叶背吸取汁液。被害叶面呈现黄白色小点,严重

87

甜瓜红蜘蛛危害

时变黄枯焦,似火烧状,造成早期落叶和植株早衰。严重时果面上也会爬满,降低果品品质。

2. 防治方法

(1)农业防治　冬前和早春季节要清除瓜田及周围的杂草,并烧掉,在洋香瓜生长季节也要及时除草以消灭红蜘蛛的滋生地;天气干旱时,要注意灌溉,以增加湿度,不易于红蜘蛛发育繁殖,同时可增强植株抗虫能力。

(2)化学防治　加强虫情检查,控制点片发生阶段。当螨株率平均在3%～5%以下时进行局部除治,在5%以上时应立即进行普遍除治。药剂在生长前期可用50%三氯杀螨醇乳油1 000～1 500倍液或40%水胺硫磷乳油2 500倍液或20%双甲脒乳油1 000～1 500倍液,后期也可用40%氧乐果乳油1 000倍液或20%双甲脒乳油2 000倍液等防治,隔7～10天喷1次药,连续2～3次。

注意事项:①以上药剂要按说明书使用,不能随意加大使用浓度。②配制药液时,要采用二次稀释法,即先在容器内将药剂加少量水稀释后,再倒入喷雾器中,加适量水充分搅拌后使用。③喷药时间最好在下午4时左右。④叶片正反两面都要喷到药液。

第八章
番茄主要病虫害识别与防治

一、番茄主要病害识别与防治

(一)番茄根腐病

1. 识别要点

(1)发病症状 番茄根腐病病株不长新根,幼根表面呈锈褐色,后逐渐腐烂,致地上部叶片变黄,严重的萎蔫枯死。

(2)发病规律 番茄根腐病为真菌性病害。由于冬季大棚内温度低,湿度相对较大,植株叶片内的水分蒸腾量小,大量浇水造成地温过低、土壤通透性差,从而引起烂根、沤根的现象。大棚内夜间气温保持在15℃以上,地温才能保持在20℃以上,否则不利于番茄生长。番茄结果期的适宜温度,白天

番茄根腐病

为25～28℃,夜间为16～20℃。当夜间温度长时间低于15℃,且日温高于30℃时,地下部根系受损,地上部蒸腾过大,从而引起植株萎蔫。长期重茬栽培,土壤内会残留大量的各种致病菌,易造成青枯病、枯萎病等病害,且容易损害土壤通透性造成烂根。

2. 防治方法

①选用抗病品种。应采用无限生长型、大果、耐寒、耐阴、抗病的优良品种。②多施有机肥。容易发生沤根的土壤多是黏重、透气性差的黏壤土。有机肥能改善土壤团粒结构,增加土壤通透性。③栽前高温闷棚。高温闷棚可杀菌防病。方法是:在定植前7～10天,将棚内土壤深翻20厘米,喷洒20%多菌灵可湿性粉剂400倍液,盖好薄膜使棚内温度达50～60℃,闷棚5～7天。重茬病重地块可重复2～3次。④控制浇水

次数和时间。冬季大棚由于温度低,土壤水分蒸发较少,应适当控制浇水,一般每隔7～10天浇1次水,不能大水漫灌,也可隔一行浇一行。浇水的时间应掌握在"寒流尾,暖流头",寒流或连阴天时不能浇水。⑤提高夜间温度。方法有:a.加厚草帘,厚度以白天盖棚后棚内不见光为准。b.双层膜覆盖,即夜间草席上加盖一层薄膜,既可保温,又可保护草席不受雨雪侵蚀。⑥加强大棚内通风透光。大棚内特别是浇水以后(在保棚温的前提下)应增加通风透光量,减少棚内空气和土壤湿度,防止病害发生。⑦倒茬换土。任何蔬菜长期在同一地块内种植,会造成病原菌大量繁殖,倒茬换土是防止重茬病害发生的有效措施。

(二)番茄轮纹病

1. 识别要点

(1)发病症状　受害叶片最初出现水渍状暗绿色病斑,慢慢扩大呈近圆形或不规则形,上有同心轮纹。在潮湿条件下,病斑会长出黑霉。病斑大多从植株下部叶片开始,逐步向上部叶片发展。严重时,下部叶片萎蔫、枯死。果实发病初期为暗褐色椭圆形斑,扩大后稍有凹陷,并出现黑霉和同心轮纹。青果病斑从花萼附近发生,发病较重的,果实开裂,病部较硬。

番茄轮纹病　　　　　　　　　　　番茄轮纹病果实危害

(2)发病规律　番茄轮纹病为真菌性病害,病菌随病残体在土中越冬,相对湿度高于80%很容易导致病害流行。

2. 防治方法

(1)农业防治　①防止密度过大,以利于行间通风透光。②及时摘除老叶、病叶,后期每亩追施5～8千克钾肥。

(2)化学防治　初见病斑时,用多菌灵、波尔多液对水喷雾。

(三)番茄晚疫病

番茄晚疫病茎叶危害

番茄晚疫病果实危害

1.识别要点

(1)发病症状 番茄晚疫病主要危害叶、茎和果实。叶片发病多始发于叶尖和叶缘,病斑初为暗绿色水浸状,渐变暗褐色,病部与健部交界处为浅绿色。茎秆病斑为边缘不清、稍凹陷的黑褐斑,潮湿时长有白霉。

(2)发病规律 番茄晚疫病为真菌性病害,主要在番茄及马铃薯块茎中越冬,也可随土中的病残体越冬。低温高湿是发病的重要条件。地势低洼,排水不良,田间湿度大,易诱发此病。

2.防治方法

(1)农业防治 加强日常管理,合理密植,使株间通风透光良好,注意大棚内通风换气。

(2)化学防治 出现中心病株后,立即喷药保护。可选25%甲霜灵可湿性粉剂800倍液或64%杀毒矾可湿性粉剂500倍液或25%百菌清颗粒剂800倍液喷雾,药剂应交替使用,每隔5~7天喷1次,连喷3~4次。浇水后每亩施用10%百菌清烟剂300克熏棚,或72%霜脲锰锌可湿性粉剂600~800倍液喷

番茄晚疫病

雾,或50%百菌清粉尘1 600千克喷粉。

番茄病毒病

（四）番茄病毒病

1. 识别要点

①花叶型。叶片有黄绿相间或深浅相间斑驳,或略有皱缩现象。②巨芽型。顶部及叶腋长出的芽变大且畸形,病株不能结果。③条斑型。叶片发生褐色斑或云斑,或茎蔓上发生褐色块,变色部分仅处在表皮组织,不深入内部。④卷叶型。叶脉间黄化,叶片边缘向上方弯卷,小叶扭曲、畸形,植株萎缩或丛生。⑤黄顶型及坏死型。顶部叶片褪绿或黄化,叶片变小,叶面皱缩,边缘卷起,植株矮化,不定枝丛生。部分叶片或整株叶片黄化,发生黄褐色坏死斑,病斑呈不规则状,多从边缘坏死、干枯,病株果实呈淡灰绿色,有半透明状浅白色斑点透出。

2. 防治方法

（1）化学防治　①杀虫防病。重点防治蚜虫、烟粉虱,可用10%吡虫啉可湿性粉剂1 500倍液或20%啶虫脒乳油2 000倍液或18%阿维菌素乳油1 500倍液喷雾防治。在烟粉虱若虫期,用25%噻嗪酮可湿性粉剂1 000~1 500倍液防治。②直接药防。在发病初期,可用2%宁南霉素水剂500倍液或20%病毒A可湿性粉剂500倍液喷雾,可有效抑制和减缓病毒病发生。

（2）物理防治　①黄板诱杀蚜虫、烟粉虱。每亩设30~40个黄板,可减轻虫害传播病毒病。②设置防虫网隔离。在大棚放风口处放置高密度防虫网(40~60目)可有效减轻蚜虫、烟粉虱的飞入,预防病毒病发生。

（五）番茄炭疽病

1. 识别要点

（1）发病症状　番茄炭疽病主要危害成熟果实。病部初生水渍状透明小斑点,扩大后呈黑色,略凹陷,具同心轮纹,其上密生黑色小点,并分泌淡红色黏性物质,后导致果腐或脱落。

（2）发病规律　番茄炭疽病病菌在种

番茄炭疽病

子里或病残体上越冬,借水传播,高温、高湿发病重,成熟果实受害多。

2. **防治方法**

(1)农业防治　及时清除病残果,避免高温、高湿条件出现。

(2)化学防治　进入结果期开始喷施50%甲基硫菌灵可湿性粉剂600倍液或80%炭疽福美可湿性粉剂800倍液。每隔7~10天喷1次,连喷2~3次。

(六)番茄灰霉病

番茄灰霉病叶片危害　　　　　　　　番茄灰霉病果实危害

1. **识别要点**

(1)发病症状　果实染病,多从果柄处向果面扩展,果皮呈灰白色、软腐,病部长出大量灰绿色霉层,严重时果实脱落,失水后僵化。幼果染病较重,柱头和花瓣先被侵染,后向果实转移。茎染病,产生水渍状小点,后迅速扩展成长椭圆形,潮湿时,表面长出灰褐色霉层,严重时可引起病部以上植株枯死。叶片染病,多从叶尖开始,病斑呈"V"字形向内扩展,初呈水渍状,浅褐色,有不明显的深浅相间轮纹;潮湿时,病斑表面可产生灰霉,叶片枯死。

(2)发病规律　番茄灰霉病为真菌性病害,在土壤中或病残体上越冬,经气流、雨水、农事操作传播。土壤相对湿度持续90%以上的多湿状态易发病,密度过大,管理不当,都会加快此病的发展。

2. **防治方法**

(1)农业防治　参见番茄根腐病。

(2)化学防治　发病初期,可喷洒50%多菌灵可湿性粉剂500倍液或75%百菌清可湿性粉剂600倍液或45%特克多悬浮剂3 000倍液或70%代森锰锌可湿性粉剂500倍液,每隔7天左右喷1次,连喷3~4次。大棚、温室栽培时,用45%百菌清烟雾剂或10%速克灵烟雾剂,每亩250克熏烟。傍晚施药后,密闭棚室一夜。

二、番茄主要虫害识别与防治

(一)番茄白粉虱

1. **识别要点**

白粉虱以若虫、成虫吸食番茄叶片汁液导致叶片褪色、卷曲、萎缩,进而影响产量。

番茄白粉虱

2. **防治方法**

(1)化学防治　可选用25%蚜虱统或25%蚜虱螨烟剂或12%科顺烟剂或30%白粉虱烟剂熏杀。

(2)物理防治　白粉虱对黄色敏感,可在大棚、温室内设置黄板诱杀成虫,每亩放置30～35块,置于行间,可与植株高度相同。

(二)番茄蚜虫

1. **识别要点**

蚜虫主要在叶片及嫩梢上刺吸汁液,使叶片变黄、皱缩、向下卷曲,同时还能传播多种病毒病,病害所造成的危害远大于虫害本身。

2. **防治方法**

可用40%氧乐果乳油600倍液或50%抗蚜威可湿性粉剂2 000倍液或20%氰戊菊酯乳油2 000倍液等进行防治,每隔4～5天喷1次,连喷3次。

三、番茄生理性病害识别与防治

（一）番茄脐腐病（黑肚脐）

1. 识别要点

（1）发病症状　果实发育初期,病斑在果顶以柱头底部为中心,呈水浸状暗绿色,以后褪色至黑色,但不腐烂,最后病斑向内凹陷。

（2）发病原因　番茄脐腐病是由于果实膨大期间,特别是开花后对果实供给钙素不足所致。土壤过干、地温过高、氮肥过多及酸性土壤均会使根系对钙的吸收受阻,都能引起脐腐病的发生。

番茄脐腐病

2. 防治方法

（1）农业防治　多施有机肥,氮、磷、钾肥要合理搭配,勿过多偏施氮肥,适当增施钙素肥料,避免土壤过干或过湿。

（2）化学防治　在幼果期可用0.5%氯化钙水溶液喷叶片及果实,每隔10天喷1次,连喷2~3次。

（二）番茄脐裂果（露籽病）

1. 识别要点

（1）发病症状　番茄染病后果实发育最初期,果皮无规则裂开,胎座组织及种子外露。随着果实的膨大,脐裂部位也增大。

（2）发病原因　番茄脐裂果发病主要是花芽分化期间温度过低（8℃以下）形成畸形花的花柱开裂所造成,但品种间差异很大。

2. 防治方法

要选择耐低温的品种,花芽分化期间防止温度过低,要求日温20℃以上,夜温10℃以上。

（三）番茄空洞果（空腔果）

1. 识别要点

（1）发病症状　番茄染病后果实胚座发育不良,与果壁间产生空腔,果胶物质不发达,几乎没有种子。

番茄空洞果

（2）发病原因　高温使番茄雌花无法正常授粉，导致只有果壁发育而胚座发育不良，形成无籽番茄。使用生长激素方法不当，不顾植株长势和坐果情况，用生长激素处理成熟的花，另外开花坐果期间土壤过于干旱等，也会造成果实肥大而水分、养分供应受阻，导致空洞果的发生。

2. 防治方法

①施用生长素浓度要适当，方法要得当。②开花期间防止温度过高或过低，以免授粉不正常。③及时疏果，加强水肥管理，避免干旱缺水。

▪▶ 避免空腔果的三个方法：

①熊蜂授粉。一般每箱蜂可连续授粉40~50天，基本能保证一季生产用。但成本较高。

②手指弹花。用手指弹动已开花朵，使花粉散开，帮助授粉。

③使用电蜜蜂。直接用振动针点击开放的花朵即可把花粉打散开，实现授粉。

熊蜂授粉

手指弹花授粉

电蜜蜂授粉

（四）番茄尖顶果（桃形果）

1. 识别要点

（1）发病症状　番茄尖顶果是果脐部突出，形状如桃形的番茄。

（2）发病原因　番茄尖顶果是由于施用生长素浓度过高造成的。

番茄尖顶果

2.防治方法

喷花使用的防落素或2,4 - D必须根据不同品种使用不同的适宜浓度,在此期间不能干旱缺水。

(五)番茄霸王果

1.识别要点

(1)发病症状　在一穗果实中有一个特别大的果实叫霸王果,其余果实明显过小。

(2)发病原因　同一穗花序中只有一朵开放时就过早喷(抹)花,致使早开的花朵吸收营养过早、过多,形成大果实,而晚开的花朵因晚吸收或吸收不到足够的营养而形成小果实。大果实和小果实都不好卖,商品性差。

番茄霸王果

2.防治方法

要在同一穗花序中有2~3朵(一半)花开放后再喷(抹)花。

(六)番茄裂果

1.识别要点

(1)发病症状　果实接近成熟时,表皮开裂。

番茄裂果

(2)发病原因　在持续高温的环境条件下,成熟的果实会出现裂果现象。高温环境下突遇降水、降温,大温差天气或果实成熟期浇水过大等都会造成裂果现象。

2.防治方法

选用抗热、皮厚品种。露地栽培注意晴天暴雨后采用涝浇园技巧。保护地要遮阳降温,通风透气,喷水降温。叶面及早喷施钙肥等,可减少裂果。

(七)番茄落花落果

1. 识别要点

(1)发病症状　落花落果。

(2)发病原因　①病虫危害。a. 病毒病使花蕾先变褐后脱落,果实畸形或腐烂,叶片卷曲变色,从而影响光合作用,造成落花落果,一般年份掉落 20% ~ 30%,严重时达 70% 以上。b. 灰霉病使花蕾萎缩。c. 早疫病使叶片变褐,失去光合作用。d. 炭疽病使果实产生大片褐斑,进而腐烂造成落果。e. 日灼病使果皮在强光直射下变白,招致病菌侵入,造成果实腐烂。f. 软腐病使果实变臭、流汁,只留空皮。g. 白粉虱吸食茎、叶汁液,造成养分消耗、果实斑驳,还传播病毒病。②营养不良。施肥不合理导致营养生长与生殖生长失调,具体表现为枝叶过旺生长,植株负担太重,造成不坐果或大部分花果掉落。③管理不善。未能及时打杈、疏花疏果,引起养分损失。土地不平,灌溉或暴雨后地表有积水,形成根系呼吸不畅,营养吸收受阻,轻者落花、落果,重者整株死亡。④环境恶劣。高温、干旱会促使植株老化、早衰,同时诱发病毒病,造成花、果掉落。阴雨连绵,导致植株光合功能下降,脱肥变黄,引起病害流行。水涝造成沤根、死秧,使花、果发黄掉落。狂风、暴雨、冰雹也能使一部分花、果掉落。

2. 防治方法

①选择排、灌条件好的中性壤土,实行 3 年以上的轮作。起垄覆膜,后期地膜反光,能使果实加快着色。②适当多施磷钾肥,并与有机肥混合提前沤制,使其渗入有机肥中,以减少养分流失。③苗栽于覆膜垄背的两侧,苗期要合理整枝,及时去除侧枝,避免养分消耗。④中后期适时遮强光(用遮阳网覆盖棚室);适时调节气温(白天不高于30℃,夜间不低于15℃),中午气温高时叶面喷水降温;适时中耕、培土、防倒。⑤地皮一干即浇水,宜小水勤浇,勿大水漫灌,有积水及时排除。株高 25 厘米左右时插架,结果后及时捆枝,可防果实着地腐烂,又可改善田间通风透光条件,利于果实成熟。⑥合理留花、留果,对弱花、弱果要及时去除,结果后结合浇水施肥。长出 5 ~ 6 批果穗后,要及时摘心并打掉下部老叶、黄叶,以利增加大果、好果。⑦预防早衰。及时采收,收获一批果实后,适时进行追肥浇水,保证后期果实的产量与品质。

第九章 黄瓜主要病虫害识别与防治

一、黄瓜主要病害识别与防治

（一）黄瓜猝倒病

1. 识别要点

（1）发病症状　受侵害的幼苗在白色的嫩茎基部先出现湿润状似热水烫伤的不定形病斑，病部很快变软缢缩，幼苗不能直立而倒伏，但此时子叶仍青绿，嫩茎中上部仍正常，因此叫猝倒病。潮湿时病部会长出稀疏的白色棉絮状物，不久幼苗干枯死亡。

黄瓜猝倒病

（2）发病规律　黄瓜猝倒病为真菌性病害，在表土层越冬，借水传播，是黄瓜苗期较常发生且受害较严重的病害。春季遇倒春寒，天气阴冷潮湿多雨，瓜苗常大片受害死亡。夏秋季若遇暴风暴雨，也可使成片瓜苗倒伏死亡。

2. 防治方法

（1）农业防治　加强苗床管理，调节苗床温度，白天为 20～30℃，夜间为 15～18℃，在注意提高地温的同时，要降低土壤的湿度，防止湿度过大。苗床保温与防风协调进行，增加光照，培育壮苗。

（2）化学防治　①苗床消毒。在重茬地或旧苗床育苗时，要进行土壤消毒，可用50% 多菌灵可湿性粉剂或 50% 福美双可湿性粉剂或 25% 甲霜灵可湿性粉剂，按每平方米床苗面积用 4～5 克，掺细土 4～5 千克拌匀。施药土时先要浇足底水，水渗下后将 1/3

的药土撒施于苗床表面,剩下的2/3药土撒施于播种后的种子上面。要注意畦面表土保持湿润,撒药土要均匀,以免发生药害。②大田防治。发病初期,要立即拔除发病植株,并用72%普力克水剂500~800倍液或75%百菌清可湿性粉剂800倍液,每隔7天喷1次,连喷2~3次。对成片死苗的地方,可用72%霜霉威水剂400倍液或噁霉灵水剂800倍液灌根,每隔7天灌根1次,连续灌根2~3次。

(二)黄瓜立枯病

1. 识别要点

(1)发病症状 黄瓜立枯病发病从幼苗茎基部开始出现褐色病斑,有时上大下小呈棒槌状。病苗初期,白天萎蔫,夜间恢复,后期枯死而不倒伏。

(2)发病规律 黄瓜立枯病为真菌性病害,以菌丝体或菌核在土中越冬,通过水、农具传播。立枯病是黄瓜苗期的主要病害,播种过密,分苗、间苗不及时,苗床湿度大,幼苗徒长,苗床缺肥,高温、高湿条件下易发生。

2. 防治方法

(1)农业防治 选用无病新土育苗。在没有种过瓜类作物的大田取土建床,肥料(有机肥)要充分腐熟。

(2)化学防治 ①苗床土壤杀菌。用50%多菌灵可湿性粉剂按每平方米25克与20千克细土混合撒施在苗床上,浅锄表面,深度为5厘米左右,然后浇足底水。播种后苗期尽量少浇水,避免土壤湿度过大。②药剂拌种。播种时,可用种子量0.3%的70%代森锰锌可湿性粉剂或50%多菌灵可湿性粉剂或50%福美双可湿性粉剂拌种。③喷药或灌药防治。在苗床发现个别猝倒病苗时,应立即把病苗及病根部附近土壤挖除深埋,对正常苗普遍喷药或灌根处理。可用72.2%霜霉威水剂700倍液或75%敌克松可溶性粉剂800倍液喷雾或灌根。喷雾时使药液能够顺叶片流到茎基部为宜。

黄瓜根腐病

(三)黄瓜根腐病

1. 识别要点

(1)发病症状 黄瓜根腐病为黄瓜苗期常见病害,病初根部、茎基部出现褐色坏死斑,严重时整体溃烂,地上部分萎蔫,叶片发黄枯死。

(2)发病规律 黄瓜根腐病为真菌性病害,病菌在土壤中及病残体上越冬,可在土中存活5~6年,最长可达10年,借水传播,高温、高湿利于发病,连作地、黏湿地病重。

2. 防治方法

(1)农业防治　采用高畦栽培,认真平整土地,防止大水漫灌及雨后田间积水,苗期发病要及时松土,增强土壤透气性。

(2)化学防治　发病初期用50%甲基硫菌灵可湿性粉剂500倍液或根腐灵300倍液或50%多菌灵可湿性粉剂500倍液,喷洒或浇灌。也可配成药土撒在黄瓜根茎上。

(四)黄瓜霜霉病

1. 识别要点

(1)发病症状　霜霉病的发病部位在黄瓜中上部叶片,每天上午8点左右,看叶背面是否有水浸状或多角形病斑,病斑上是否有灰霉层,若具备这几点可确诊为霜霉病。

(2)发病规律　黄瓜霜霉病为真菌性病害,适宜发病环境是温度16~22℃,相对湿度在83%以上。干燥、高温不易发病,干燥时病菌3~5天自然死亡。

黄瓜霜霉病

2. 防治方法

(1)农业防治　①选用抗病品种。②播前种子消毒,采用温汤浸种,将种子用55℃左右的温水浸种消毒15分,然后再放入20~30℃的温水中浸泡5小时。③选择通风、易排、能灌的地块。④合理轮作倒茬。与禾本科等非瓜类作物轮作。⑤及时清洁田园,及时摘除病叶,发现零星病株应立即拔除。⑥合理施肥,施足底肥,多施有机肥,定期追肥。要做到氮、磷、钾及微量元素均衡施肥。

(2)化学防治　发病前可每亩用5%百菌清粉尘剂1千克喷粉,8~12天喷1次,或45%百菌清烟剂200~250克烟熏,傍晚密闭棚室,翌日清晨通风,8~10天用1次。发病初期,每亩用50%烯酰吗啉水分散粒剂17~20克,对水50千克,喷药间隔期为7天,共喷3次。也可每亩用70%丙森锌可湿性粉剂125~150克,对水60千克,喷药间隔期为7天,共喷3次。

(3)物理防治　根据气温高于28℃低于15℃,相对湿度小于80%不利于霜霉病发生和传播的特点,制造高温或低湿以防霜霉病。

黄瓜灰霉病

（五）黄瓜灰霉病

1. 识别要点

（1）发病症状　灰霉病可危害瓜条、叶片和茎蔓，发病叶片多有圆形、近圆形或不规则病斑，直径20~50毫米，病斑边缘明显，表面呈浅红褐色，生有少量灰霉。茎蔓受害时局部腐烂，严重时茎部折断，整株死亡。

（2）发病规律　黄瓜灰霉病为真菌性病害，病菌在土壤中越冬，通过水、农事操作传播。灰霉病可危害瓜条、叶片和茎蔓。温室内常在入冬后湿度大、温度低、放风不及时的情况下发生。温度20℃左右，阴天光照不足，相对湿度在90%以上，结露时间长，是灰霉病发生蔓延的重要条件。若温度高于30℃，相对湿度在90%以下，病害则停止。

2. 防治方法

保护地内发病初期可选用10%腐霉利烟剂或45%百菌清烟剂，每次每亩250克，熏3~4小时。也可用50%异菌脲可湿性粉1 500倍液或25%咯菌腈可湿性粉剂600倍液或25%嘧菌酯悬浮剂1 500倍液，每隔7天喷1次，连喷3~4次，要求药要喷到花及幼瓜上。在始花期用50%腐霉利可湿性粉剂200~300倍液点花或喷花效果明显。

(六)黄瓜白粉病

1.识别要点

（1）发病症状　黄瓜白粉病发病初期在下部叶片正面或背面长出小圆形白粉状霉斑，后逐渐扩大，厚密，不久连成一片。发病后期整个叶片布满白粉，后变灰白色，最后叶片呈黄褐色干枯。茎和叶柄上也产生与叶片类似病斑，密生白粉霉斑。秋天，有时在病斑上产生黄褐色小粒点，后变黑色。

黄瓜白粉病

（2）发病规律　黄瓜白粉病为真菌性病害，以病残体在棚室越冬。发病的适宜温度20～25℃，适宜相对湿度35%～45%。白粉病病菌对温、湿度的要求是不冷不热、不干不湿。幼嫩、徒长的植株易感此病。

2.防治方法

①白粉菌对"硫"特别敏感，在定植前按每亩用硫黄粉18千克加锯末或其他助燃剂点燃熏蒸，密闭熏闷一昼夜，可杀死白粉菌，隔3天再熏闷1次，然后播种或定植。②当田间发生中心病株时，要及时喷药防治，可选用20%三唑酮可湿性粉剂1 000倍液或75%百菌清可湿性粉剂500～600倍液或10%苯醚甲环唑水乳剂2 500倍液，每隔5～7天喷1次，连喷3次。以上农药应交替使用。在喷药时，不要忽略对地面的喷洒。

黄瓜病毒病

(七)黄瓜病毒病

1.识别要点

（1）发病症状　黄瓜病毒病主要危害叶和瓜。苗期、成株期均能发生。幼苗期发病，子叶变黄枯萎，幼叶浓绿与淡绿相间，呈花叶状。成株期发病，植株矮小，节间短而粗，叶片明显皱缩增厚，新叶呈黄绿相间花叶，病叶严重时反卷，病株下部老叶逐渐枯黄。瓜条发病后停止生长,表面呈深浅绿相间的花斑,严重时瓜表面凹凸不平或畸形。发病重的植株,节间缩短,簇生小叶,不结瓜,最后萎缩枯死。

(2)发病规律　黄瓜病毒病主要由蚜虫、飞虱及田间操作不规范等原因传播。在高温、干旱、日照强的条件下发病重。缺水、缺肥、管理粗放、蚜虫多时发病较重。

2.**防治方法**

(1)农业防治　①育苗时用遮阳网降温、遮光,远离带病作物。②壮苗防病。育苗时要用育苗基质,或营养土,培育壮苗可防病。

(2)化学防治　发病初期可用20%病毒A可湿性粉剂500液喷雾,每隔7天1次,连喷3次。

黄瓜细菌性角斑病

(八)黄瓜细菌性角斑病

1.**识别要点**

(1)发病症状　幼苗期子叶上产生圆形或卵圆形稍凹陷水浸状病斑,后变褐色干枯。成株期叶片上初生针头大小水浸状斑点,病斑扩大受叶脉限制呈多角形,黄褐色。湿度大时,叶背面病斑上产生乳白色黏液,干后形成一层白色膜或白色粉末状物,病斑后期质脆,易穿孔。茎、叶柄及幼瓜上病斑呈水浸状,近圆形至椭圆形,后呈淡灰色,病斑常开裂。潮湿时瓜条上病部溢出菌脓,病斑向瓜条内部扩展,沿维管束的果肉变色,一直延伸到种子,引起种子带菌。病瓜后期腐烂,有臭味。幼瓜被害后常腐烂、早落。

(2)发病规律　黄瓜细菌性角斑病为细菌性病害,土壤中的病菌通过灌水、风雨、气流、昆虫及农事作业在田间传播蔓延。病菌由气孔、伤口、水孔侵入寄主。发病的适宜温度18～26℃,相对湿度在75%以上,湿度愈大,病害愈重,暴风雨过后病害易流行。地势低洼、排水不良、重茬、氮肥过多、钾肥不足、种植过密的地块,病害均较重。

2.**防治方法**

发病初期喷30%琥胶肥酸铜可湿性粉剂500倍液或77%氢氧化铜可湿性粉剂400倍液或47%春雷氧铜可湿性粉剂600～800倍液,以上药剂可交替使用,每隔7～10天喷1次,连喷3～4次。喷药时要均匀地喷到叶片正面和背面,以提高防治效果。

二、黄瓜主要虫害识别与防治

(一)黄瓜根结线虫

1.识别要点

根结线虫主要危害黄瓜根部。根受害后发育不良,侧根多,并在根端部形成球形或圆锥形大小不等的瘤状物,有时串生,初为白色、质软,后变为褐色至暗褐色,表面有时龟裂。病株地上部分发育不良,叶色黄,天旱时萎蔫枯死,易被误认为是枯萎病。根结线虫发育的适宜温度为25~30℃,27℃时繁殖一代需25~30天,幼虫在10℃时停止活动,55℃时10分死亡。根结

黄瓜根结线虫危害

线虫多在20厘米深土层内活动,以3~10厘米土层内最多。根结线虫靠土壤、病苗、灌溉水、农事作业等传播蔓延。地势高、土壤疏松、盐分低的条件下有利于发病,沙土地、重茬地发病重。在无寄主的条件下,根结线虫在土中可存活1年。

2.防治方法

(1)农业防治 收获后田间彻底清除病残株,集中烧毁或深埋可用以沤肥。每亩施用2吨沼渣可有效地防治根结线虫。有条件的地方在蔬菜采收结束后种一茬水稻效果更好。

(2)化学防治 土壤消毒。种植前结合深翻每亩施用石灰氮80千克,或每亩用3%米乐尔颗粒剂4~6千克,拌干细土50千克撒施;生长期再用18%虫螨克乳油1 000~1 500倍液灌根1~2次,间隔10~15天。

(二)黄瓜白粉虱

1.识别要点

白粉虱食性很杂,可危害多种蔬菜。主要以若虫危害,集中在黄瓜叶背面吸取汁液,造成叶片褪色、变黄、萎蔫,严重时植株枯死。白粉虱危害时还分泌蜜露,污染叶片,引起霉菌感染,影响植株的光合作用,严重影响产量和品质。

黄瓜白粉虱

2. 防治方法

（1）农业防治　①尽量避免混栽，特别是黄瓜、番茄、菜豆不能混栽。调整生产茬口也是有效的方法，即头茬安排芹菜、甜椒等白粉虱危害轻的蔬菜，下茬再种黄瓜、番茄。②老龄若虫多分布于下部叶片，摘除老叶并烧毁。③在温室设置黄板可有效地防治白粉虱。

（2）化学防治　用背负式机动发烟器把 1% 溴氰菊酯或 25% 杀灭菊酯油剂雾化成雾滴，悬浮在空气中的雾滴杀灭成虫效果很好，也可用 25% 噻嗪酮可湿性粉剂或 20% 氰戊菊酯乳油 2 000 倍液喷雾，每隔 6～7 天喷 1 次，连喷 3 次。还可用烟雾剂进行熏蒸，连续 2～3 次。

三、黄瓜生理性病害识别与防治

（一）黄瓜化瓜

1. 识别要点

（1）发病症状　当黄瓜长 8～10 厘米时，瓜条不再伸长和膨大，且前端逐渐萎蔫、变黄，后整条黄瓜逐渐干枯。

（2）发病原因　黄瓜化瓜主要是栽培管理措施不当，如水肥供应不足、结瓜过多、植株长势差、光照不足、温度过低或过高等。

2. 防治方法

针对产生的原因预防，加大肥水、增强光照、预防低温等。

黄瓜化瓜

（二）黄瓜苦味瓜

1. 识别要点

（1）发病症状　黄瓜产生苦味，主要是因为苦味物质葫芦素所致。

（2）发病原因　苦味瓜的主要原因是偏施氮肥、浇水不足等。环境条件不适也可形成苦味瓜,如持续低温、光照过弱、土壤质地差等。

2. **防治方法**

针对形成的原因预防,例如避免过度施氮肥、持续低温等。

（三）黄瓜畸形瓜

1. **识别要点**

（1）发病症状　畸形瓜主要有蜂腰瓜、尖嘴瓜、大肚瓜、弯曲瓜、僵瓜等。

蜂腰瓜　　　　　　　　　　尖嘴瓜

弯曲瓜　　　　　　　　　　僵瓜

（2）发病原因　形成畸形瓜的原因是栽培管理措施不当,如肥水管理不当造成植株长势弱,温度过高、过低造成授粉不良等。高温干旱、空气干燥也可形成畸形瓜。另外,土壤缺维生素 B、维生素 K 时也可形成畸形瓜。

2. 防治方法

(1)大肚瓜防治　肥水供应要充足、及时,增施叶面肥。

(2)弯曲瓜防治　不要过早、过多摘去底部叶片;采取"少吃多餐"的肥水管理;单株勤采瓜,弯曲瓜早摘除,喷施多元素叶面肥;吊石(泥)块拉直;在瓜弯曲处内侧涂抹30 000倍的赤霉素2～3次。

(3)尖嘴瓜防治　改善光照、温度条件,保证肥水及时、充足供应,增施叶面肥,及时摘除尖嘴瓜。

(4)蜂腰瓜防治　加强肥水管理,中期追施磷酸二氢钾。

黄瓜低温障碍

(四)黄瓜低温障碍

1. 识别要点

播种时地温过低,种子发芽和出苗延迟,造成黄弱苗、沤籽或发生猝倒病、根腐病等。有些出土幼苗子叶边缘出现白边,叶片变黄,根系不生长;地温如果长时间低于12℃,根尖变黄或出现沤根、烂根现象,地上部开始变黄。定植后发生寒害或冻害后,出现叶色深绿,叶缘微外卷,大叶脉间出现黄白色斑,冻害加重后扩大而连片。

植株发根缓慢,或不发根,或者花芽不分化,整个植株生长瘦弱,出现花打顶,甚至叶片枯死至全株枯死。

2. 预防方法

(1)农业防治　①选用发芽快、出苗迅速、幼苗生长快的耐低温品种。②把浸泡后快发芽的种子置于0℃冷冻24～36小时后播种,可增强抗寒力。③避开寒冷时段育苗、定植。在棚里生火炉或增加地热线等提温措施。④施用酵素菌沤制的堆肥或充分腐熟有机肥。⑤如气温过低已发生冻害,要采用缓慢升温措施。如久阴天晴后用草帘遮光,使黄瓜的生理机能慢慢恢复,千万不能操之过急。

(2)化学防治　在寒流侵袭之前喷植物抗寒剂,每亩喷100～200毫升10%抗冷冻素400倍液或34%碧护(一种天然植物生长调节剂)可湿性粉剂75倍液。

(五)黄瓜土壤盐渍化障碍

1. 识别要点

日光温室或大棚由于连年大量施入化肥,加上棚室内高温促使地表水分大量蒸发,造成土壤矿物质营养随水分上升累积于土壤表层。另外,棚膜周年覆盖,室内土壤不受雨水冲淋,造成土壤次生盐渍化。这不仅影响黄瓜根系生长和水分、养分的吸收,还会诱发缺素症,如缺镁、缺钙、缺硼等。造成植株矮小、生长慢,根系不下扎而聚集在主根周围,叶片小,叶色暗绿无光泽;开花结瓜少,瓜小,畸形瓜多,产量明显下降,严重时瓜秧萎蔫。

2. 防治方法

增施有机肥,深翻土壤,尽量不用或少用在土壤中易形成盐类的化肥,如硫酸铵等。农闲时大量灌水压盐或在夏季休闲期揭膜,让雨水冲淋压盐。用黑籽南瓜嫁接黄瓜,提高耐盐能力,减轻或避免盐害。棚室内地膜覆盖可明显抑制地表水蒸发,可起到一定的抑制盐化作用。

第十章
辣椒主要病虫害识别与防治

一、辣椒主要病害识别与防治

(一)辣椒猝倒病

1.识别要点

(1)发病症状 幼苗发病初期基部呈水渍状、淡绿色。发病后期,病部缢缩成线状,条件适宜3~5天全面发病,导致大片幼苗倒地死亡。倒地幼苗叶片仍青绿,而根茎部已干枯。高温条件下,病部及土表长出白色毛状霉。

(2)发病规律 辣椒猝倒病为真菌性病害,病菌在土壤中生长,从伤口直接穿过表皮侵染幼苗,主要由流水或溅水传播,低温阴雨天气,播种过密,土壤潮湿,幼苗生长不良,易发此病。

辣椒猝倒病

2.防治方法

(1)农业防治 选择地势较高、排水良好的田块作为苗圃。

(2)化学防治 ①苗床消毒。每平方米苗床用50%多菌灵可湿性粉剂10~12克拌干细土撒施苗床后播种或用30%瑞苗清水剂1 500~3 000倍液3升浇淋,或用58%甲霜灵·锰锌可湿性粉剂拌种,药剂用量为种子量的0.3%~0.4%。②出苗后立即喷药预防,每隔5~7天喷1次,连喷2~3次。药剂可选用53%金雷多米尔锰锌水分散粒剂800倍液或20%多森铵悬浮剂3 000倍液或72.2%霜霉威水剂800~1 000倍液或50%烯酰吗啉水分散粒剂2 000倍液喷雾。

(二)辣椒灰霉病

1.识别要点

(1)发病症状 辣椒灰霉病在辣椒秧苗、成株期的叶、茎、枝、花均可感染。秧苗染病,子叶先端变黄,后扩展到幼茎,导致茎缢缩变细,由病部折断而枯死。叶片染病,病部腐烂,或长出灰霉状物,严重时上部叶片全部烂掉。成株染病,茎上初生水浸状不规则斑,后变灰白色或褐色,病斑绕茎一周,上端枝叶萎蔫枯死,病部表面生灰白色霉状物。

辣椒灰霉病

(2)发病规律 辣椒灰霉病为真菌性病害。病菌可形成菌枝遗留在土壤中或以菌丝、分生孢子在病残体上越冬。分生孢子随气流及雨水传播,田间农事操作也是传播途径之一。病菌发育适温23℃,对湿度要求很高。春季连续阴雨天气多时,气温偏低,放风不及时,棚内湿度大导致灰霉病发生和蔓延。植株密度过大,生长旺盛,管理不当也会加快此病扩展。光照充足对灰霉病有很大抑制作用。

2.防治方法

(1)农业防治 ①加强通风透光,降低湿度。②发病初期适当节制浇水,灌溉在上午进行。③发病后及时清理病果、病叶、病枝,集中烧毁或深埋。

(2)化学防治 可选用50%扑海因可湿性粉剂1 500倍液或50%速克灵可湿性粉剂2 000倍液或50%多菌灵可湿性粉剂500倍液或70%甲基硫菌灵可湿性粉剂800倍液或50%福美双可湿性粉剂600倍液或50%多霉灵可湿性粉剂1 000～1 500倍液,喷雾防治。

(三)辣椒立枯病

1.识别要点

(1)发病症状 辣椒立枯病发病,幼茎或茎基部产生椭圆形暗褐色病斑,病部收缩细缢,茎叶萎垂枯死;稍大秧苗白天萎蔫,夜间恢复,当病斑绕茎一周时,秧苗逐渐枯死,但不呈猝倒状。

辣椒立枯病

（2）发病规律　辣椒立枯病为真菌性病害。病菌以菌丝体在土中或病残体中越冬，一般在土壤中可存活2～3年。病菌随水传播，也可由农具和粪肥等携带传播。病菌生长适温17～28℃，播种过密、间苗不及时，造成通风不良、温度过高，易诱发立枯病。

2.防治方法

（1）农业防治　加强苗床管理。注意合理放风，防止苗床或育苗盘高温、高湿条件出现。

（2）化学防治　①提高抗性。苗期喷洒0.1%～0.2%磷酸二氢钾，增强抗病力。②发病初期可选用36%甲基硫菌灵悬浮剂500倍液或5%井冈霉素水剂1 500倍液或15%噁霉灵水剂450倍液，喷雾防治。如猝倒病、立枯病并发，可用800倍72.2%普力克水剂和50%福美双可湿性粉剂的混合液喷淋，视病情7～10天喷1次，连续防治2～3次。

（四）辣椒疮痂病

辣椒疮痂病叶片危害　　　　　　辣椒疮痂病果实危害

112

1.识别要点

(1)发病症状 辣椒疮痂病主要危害辣椒叶子、茎和果实,病斑呈水渍状小斑点,边缘暗绿色,中间凹陷。流行时间7~8月,高温多雨季节发病严重。

(2)发病规律 辣椒疮痂病为细菌性病害,病菌在种子表面或病残体上越冬,借雨水、灌溉水在田间传播,并可随种子做远距离传播。高温、高湿有利于病害流行;连作地病菌数量多,发病重。

2.防治方法

(1)农业防治 ①采用无菌种子,选择无病株或无病果留种。②轮作。实行2~3年轮作,并结合深耕,使病残体腐烂,加速病菌死亡。

(2)化学防治 ①种子处理。一般将种子在清水中浸泡3~5小时,再用1%硫酸铜溶液浸种5分,或用55℃温水浸种10分,也可用52℃温水浸种30分后移入冷水中冷却再催芽或播种。②发病初期,可喷洒60%琥·乙膦铝可湿性粉剂500倍液或72%农用链霉素可溶性粉剂4 000倍液或60%百菌清可湿性粉剂500倍液或4%络氨铜水剂300倍液或77%氢氧化铜可湿性微粒粉剂500倍液,每隔7~10天喷1次,共2~3次。

(五)辣椒软腐病

1.识别要点

(1)发病症状 辣椒果实被害后腐烂发臭,好像装了泥水。发病后期遇旱,果实呈白色干枯状。流行时间7~9月,高温、高湿时发生严重。

(2)发病规律 辣椒软腐病为细菌性病害,病菌随病残体在土壤中越冬,随水传播,染病后可通过烟青虫及风雨传播。阴雨天,湿度大易流行。

2.防治方法

化学防治 生产中后期诱杀烟青虫、棉铃虫,喷施72%农用链霉素可溶性粉剂2 000倍液或30%琥胶肥酸铜可湿性粉剂300倍液防治,交替使用,每隔7~10天1次,连用2~3次。

辣椒软腐病

113

辣椒疫病

（六）辣椒疫病

1.识别要点

（1）发病症状　辣椒茎、叶、枝条和果实都可染病。发病时茎基部呈暗绿色水渍状,茎叶急速萎蔫死亡。潮湿时病部可见白色稀疏霉层。枝条发病,潮湿时皮层软化腐烂,枝条上部叶片凋萎、脱落,最后植株死亡。果实发病从蒂部开始,初呈水渍状软腐,迅速向果面、果柄发展,病果由淡褐色变为黑褐色,遇晴天果实变成黑色僵果,天气潮湿时可见到白色粉状霉层。

（2）发病规律　辣椒疫病为真菌性病害,病菌以卵孢子在地表病残体上或土壤内越冬。病菌在土壤内可存活很长时间。发病中心多形成在低洼积水、土壤黏重处。病菌主要由灌溉水、雨水、气流传播,旬平均气温达10℃即可发病,以27~30℃发病最快,35℃以上的高温环境病害发生减慢。高温、高湿发病严重,多雨高湿季节,特别是大雨之后天气转晴,气温急剧上升,病发生严重。此外重茬地、田间积水及大水漫灌,定植过密,株间通风透光不良,均有利于诱发辣椒疫病。

2.防治方法

定植前先用72%霜霉威水剂600倍液灌根;定植后,发病前用70%丙森锌可湿性粉剂500倍液喷施叶面,预防侵染;发病初期,用氟菌·霜霉威60~75毫升/亩,对水45升喷施,间隔7~10天,连续施药2~3次。

（七）辣椒根腐病

1.识别要点

（1）发病症状　辣椒根腐病主要危害根部,由于根部受害,病株枝叶萎蔫,起初早、晚可以恢复,后来整株枯死。发病植株根部及茎基部出现褐色缢缩、腐烂,发病部与皮层易剥离露出暗色木质部。病菌通过雨水、灌溉水传播蔓延,土温17~

辣椒根腐病

20℃时易发生。多发生于定植不久的植株上。

(2)发病规律　辣椒根腐病为真菌性病害,病菌以厚垣孢子、菌核或菌丝体在土壤中越冬。通过雨水或灌溉水进行传播和蔓延。

2. 防治方法

(1)农业防治　合理灌水,防止大水漫灌及雨后田间积水。重病地与非茄科植物进行2~3年的轮作。

(2)化学防治　发病初期用45%咪鲜胺水乳剂1 500倍液或50%多菌灵可湿性粉剂500倍液喷施。

(八)辣椒炭疽病

1. 识别要点

(1)发病症状　辣椒炭疽病主要危害果实及叶片,叶片受害后,初产生水浸状绿斑,渐变为褐色。病斑近圆形,中央灰白色,轮生黑色小点。果实受害后,病斑初期呈水浸状黄褐色斑,扩大后为长圆形或不规则形。病部凹陷,有隆起的同心轮纹,边缘红褐色,中央灰色轮生黑色小点,潮湿时有浅红色黏稠物。

辣椒炭疽病

(2)发病规律　辣椒炭疽病为真菌性病害,病菌以分生孢子附着在种子表面或以菌丝潜伏在种子内越冬,也可在土壤和病株残体上越冬。在适宜条件下产出分生孢子,借雨水或风传播蔓延,病菌多从伤口侵入,发病适宜温度12~33℃,27℃为最适温度。病菌的分生孢子萌发要求相对湿度较高,相对湿度低于54%则不发病,高温多雨则发病重。排水不良、种植密度过大、施肥不当或氮肥过多、通风不好,都会加重发生和流行。成熟果和受伤果也易发病。

2. 防治方法

在发病初期,喷施70%甲基硫菌灵可湿性粉剂600倍液或75%百菌清可湿性粉剂600倍液或50%炭疽福美可湿性粉剂300~400倍液,每隔7~10天喷施1次,连喷2~3次。

(九)辣椒病毒病

1. 识别要点

（1）发病症状　辣椒病毒病发病有花叶、蕨叶、明脉、矮化、黄化、坏死、顶枯等症状。

（2）发病规律　辣椒病毒病主要通过蚜虫传播。

2. 防治方法

及时消灭蚜虫。发病初期可喷20%病毒A可湿性粉剂500倍液或20%病毒灵可湿性粉剂600倍液。每隔7～10天喷施1次，连喷3～4次。

辣椒病毒病

(十)辣椒枯萎病

辣椒枯萎病

1. 识别要点

（1）发病症状　辣椒枯萎病常发生在结果期，主要危害根系及茎部。发病植株萎蔫、根系腐烂，最后整株枯死。连作地、土质黏重、偏酸土壤易患此病。氮肥施用过多、磷钾肥不足的田块易患此病。连阴雨或大雨后骤然放晴，气温回升过快，高温闷热天气易患此病。

（2）发病规律　辣椒枯萎病为真菌性病害，病菌以厚垣孢子在土壤中越冬，或进行较长时间的腐生生活。在田间，主要通过灌溉水传播。病菌发育适温24～28℃，最高37℃，最低17℃，枯萎病病菌只危害甜椒，遇适宜发病条件，病株经过14天即死亡。潮湿或水渍田易发病,特别是雨后积水,发病更重。

2. 防治方法

(1)农业防治　加强田间管理。与非茄科的其他作物轮作,选择适宜本地的抗病品种,合理灌溉,加强种植田的沟渠管理,尽量避免田间过湿或雨后积水。

(2)化学防治　发病初期喷洒50%多菌灵可湿性粉剂500倍液或40%多·硫悬浮剂600倍液,此外也可用50%琥胶肥酸铜可湿性粉剂400倍液或14%络氨铜水剂300倍液灌根,每株0.4~0.5千克药液,连续2~3次。

辣椒青枯病

(十一)辣椒青枯病

1. 识别要点

(1)发病症状　辣椒青枯病主要危害辣椒根和茎部。染病植株萎蔫,维管束变褐,横切有乳白色黏液溢出。多雨、高温天气易加重病情,连作、排水不畅、通风不良、土壤偏酸的田块发病较重。

(2)发病规律　辣椒青枯病为细菌性病害,病菌随病残体遗留在土壤中越冬,翌年通过雨水、灌溉水及昆虫传播,多从植株根部或茎部的皮孔或伤口侵入,前期处于潜伏状态,辣椒坐果后遇有适宜条件青枯病病菌在植株体内繁殖,向上扩展,致使茎叶变褐萎蔫。土温是发病重要条件,当土温20~25℃,气温30~35℃,田间易出现发病高峰,大雨后放晴,气温急剧升高,湿气、热气蒸腾量大,更易促成青枯病的流行。此外,连作、酸性土壤、低洼排水不良地块均易于发病。

2. 防治方法

(1)农业防治　①轮作。与禾本科作物实行5~6年轮作。②改善土壤。整地时,每亩施石灰50~100千克,与土壤混合后,达到调节土壤酸度,抑制病害发生。③选用抗病品种并改进栽培技术。用营养钵育苗,做到少伤根,培育壮苗,提高抗病力。

(2)化学防治　发病初期,预防性喷淋14%络氨铜水剂300倍液或77%氢氧化铜可湿性微粒粉剂500倍液或72%农用硫酸链霉素可溶性粉剂4 000倍液;也可用47%加瑞农可湿性粉剂800~1 000倍液灌根,每株用药液200克左右,每隔7~10天灌根1次,连续灌根3~4次;重病田视病情发展,必要时要增加灌根次数。

(十二)辣椒灰霉病

1. 识别要点

（1）发病症状　辣椒灰霉病主要危害辣椒叶、茎、枝条、花和果实。发病部位褐色、水浸状，着生有灰色霉层。

（2）发病规律　辣椒灰霉病由真菌引起。病菌可形成菌枝遗留在土壤中，或以菌丝、分生孢子在病残体上越冬。分生孢子随气流及雨水传播，田间农事操作也是传播途径之一。病菌发育适温 23℃，对湿度要

辣椒灰霉病

求很高。春季连续阴雨天气多时，气温偏低，放风不及时，棚内湿度大导致灰霉病发生和蔓延。植株密度过大，生长旺盛，管理不当也会加快此病扩展。光照充足对灰霉病有很大的抑制作用。

2. 防治方法

（1）农业防治　①加强通风透光，降低湿度。②发病初期适当节制浇水，灌溉改在上午进行。③发病后及时清理病果、病叶、病枝，集中烧毁或深埋。

（2）化学防治　可选用50%异菌脲可湿性粉剂1 500 倍液或50%腐霉利可湿性粉剂 2 000 倍液或50%多菌灵可湿性粉剂 500 倍液或70%甲基硫菌灵可湿性粉剂 800 倍液喷雾防治；温室大棚还可选用10%腐霉利烟剂或45%百菌清烟剂每亩 200～250 克熏烟。

辣椒白粉病

(十三)辣椒白粉病

1. 识别要点

（1）发病症状　辣椒白粉病主要危害叶片。病初在叶片背面支脉间产生一块块白色粉霉状物，最后叶片发黄。

（2）发病规律　辣椒白粉病为真菌性病害。分生孢子在15～25℃条件下经 3 个月仍具很高的萌发率。孢子从寄主叶背气孔侵入并萌发。

在田间,白粉病主要靠气流传播蔓延,一般气温25~28℃和稍干燥条件下该病流行。白粉病白天比夜间易于传播,高温多湿的条件有利于病菌的侵入。

2.防治方法

(1)农业防治 ①选用抗病品种。②加强栽培管理,注意通风透光,提高寄主抗病力;深翻土地,减少或消除越冬菌源。

(2)化学防治 发病初期,喷洒20%三唑酮乳油2 000倍液或50%硫黄悬浮剂300倍液或50%甲基硫菌灵500~1 000倍液或50%多菌灵可湿性粉剂500~800倍液或25%三唑酮可湿性粉剂1 000倍液或43%戊唑醇悬浮剂3 000倍液进行防治。

二、辣椒主要虫害识别与防治

(一)辣椒蚜虫

辣椒蚜虫

辣椒蚜虫危害

1.识别要点

蚜虫主要危害辣椒叶背或嫩梢嫩叶,造成节间变短、弯曲,幼叶向下畸形卷缩,使植株矮小,造成减产。

2.防治方法

(1)农业防治 清洁棚室,清除菜田周围蚜虫的越冬寄主。使用银灰色薄膜覆盖,以避蚜。

(2)化学防治 用国产50%抗蚜威可湿性粉剂或英国产50%辟蚜雾可湿性粉剂2 000~3 000倍液防治效果较好。喷药时注意喷嘴要对准叶背将药液尽可能喷到蚜虫体上。

辣椒白粉虱

（二）辣椒温室白粉虱

1. 识别要点

白粉虱成、若虫群集在植株叶背吸食植物汁液,受害叶褪绿、变黄,萎蔫致死。白粉虱也是传毒的媒介昆虫,白粉虱多的植株,病毒和其他各种病害会加重。

2. 防治方法

用洗衣粉稀释 600 倍液喷洒叶面或用黄板诱杀均可。还可喷施 25% 噻嗪酮可湿性粉剂 1 000 ~ 1 300 倍液或 20% 吡虫啉可湿性粉剂 1 000 ~ 1 200 倍液。

三、辣椒生理性病害识别与防治

（一）辣椒畸形果

辣椒短颈果

辣椒钩头果

辣椒钩头果

辣椒尖嘴果

1. 识别要点

(1)发病症状 畸形果包括短颈果、钩头果、尖嘴果。

(2)发病原因 ①受粉不完全。甜椒花粉萌发的适温是 20～30℃,高于这一温度时,花粉的发芽率降低,容易产生畸形果。当温度低于 13℃时,不能进行正常受粉,受粉不良,容易出现落花、落果、单性结实和畸形果。②营养不良。光照不良、肥水不足,果实得到的养分少或不均匀时,均表现为营养不良。③除草剂。有些除草剂会对下茬蔬菜作物造成危害。如二氯喹啉酸除草剂对伞形科蔬菜和茄科蔬菜敏感,易造成畸形果。

2. 防治方法

针对产生的原因防治,例如人工辅助授粉,加强水肥光照,正确使用除草剂。

(二)辣椒石果

1. 识别要点

(1)发病症状 辣椒僵果病又称辣椒石果病。早期僵果呈小柿饼形,后期果实呈草莓形,直径 2 厘米,长 1.5 厘米左右,皮厚肉硬,色泽光亮,柄长,剖开室内无籽或少籽,无辣味,果实不膨大,环境适宜后僵果也不发育。

(2)发病原因 保护地栽培的辣椒,在植株长势弱,氮、磷元素缺乏,光合作用弱的条件下容易产生短花柱花,短花柱花除了容易落花外,还容易单性结实产生石果。另外种子少的果实,得到的同化养分少,也会形成石果。长花柱的正常花,在温度过低时,花药不能开放,不能受粉,也会产生石果。

2. 防治方法

①在辣椒花芽分化期要防止干旱、低温,其他时间控水促根,以防形成不正常花器。②必须在 2～4 片真叶时分苗,谨防分苗过迟破坏根系,影响花芽分化时养分供应,造成瘦小花和不完全花。③花芽分化期和授粉受精期室温白天控制在 23～30℃,夜间控制在 15～18℃,地温控制在 17～26℃。④尽量增加室内光照强度。

(三)辣椒日灼病

1. 识别要点

(1)发病症状 辣椒果实被强烈阳光照射后,出现白色圆形或近圆形小斑,经多日阳光晒烤后,果皮变薄,呈白色革质状,日灼斑不断扩大。日灼斑有时破裂或因腐生病菌感染而长出黑色或粉色霉层,有时软化腐烂。

(2)发病原因 ①病虫害发生严重使

辣椒日灼病

得植株长势差,易发生日灼病。②辣椒植株株型紧凑,叶片遮阳不好,果实外露、果皮薄的品种,易发生日灼病。③土壤缺水、天气干热或雨后骤晴,水分蒸腾不平衡,果面温度过高灼烧果实表皮细胞,易发生日灼病。④栽培管理不当,辣椒定植过稀或整枝过度留叶太少,使果实暴露在日光下,易发生日灼病。⑤浇水施肥不当造成植株早衰,易发生日灼病。⑥钙在辣椒代谢中起重要作用,当钙元素吸收受到抑制时,易发生日灼病。

2. 防治方法

(1)农业防治　①合理密植,防止植株受病虫害危害而早期落叶。②合理浇水,促进土壤均衡供水。③辣椒结果盛期,应小水勤灌,特别是黏性土壤,应防止浇水过多而造成的缺氧性干旱。

(2)化学防治　进入盛果期,及时喷施硝酸钙、过磷酸钙等叶面肥,以促进植株正常生长。

(四)辣椒生理性卷叶(缺铁、锰等微量元素)

1. 识别要点

(1)发病症状　叶片卷曲、变黄,有叶边缘卷曲,有叶尖卷曲。

(2)发病原因　①土壤干旱、空气干燥。②过量偏施氮肥,土壤中缺铁、锰、锌等微量元素。

2. 防治方法

(1)农业防治　①适时均匀浇水,避免土壤过干过湿。②保护地辣椒在高温时,要及时放风,空气干燥造成卷叶时可在田间喷水或浇水。

(2)化学防治　发生缺素所致的卷叶,可对症喷施叶面肥,例如喷施0.1%

辣椒生理性卷叶

硫酸锌水溶液补锌。喷施0.02%~0.1%硫酸亚铁溶液补铁。喷施0.05%~0.1%硫酸锰溶液补锰。

(五)辣椒落花、落果、落叶

1. 识别要点

(1)发病症状　辣椒在结果期出现落花、落果、落叶的现象称为"三落",其对辣椒产量影响很大。

(2)发病原因　产生"三落"的原因有很多,主要原因是氮肥过多或过少引起辣椒徒长或生长不良,其次是密度过大、光照不足、高温雨涝、病虫害严重等。

2.防治方法

①培育壮苗。选用排水良好的沙壤土,切忌连作,实行轮作。②合理密植。加强肥水管理,使植株生长发育适中。

第十一章
茄子主要病虫害识别与防治

一、茄子主要病害识别与防治

(一)茄子立枯病

1. 识别要点

(1)发病症状　茄子立枯病病苗的茎基部或中下部生有椭圆形淡褐色斑,病斑有时具有同心轮纹,潮湿时生淡褐色蛛丝状的霉层,失水后病部逐渐凹陷,干腐缢缩,严重时病斑扩展绕茎一周。病苗初期白天萎蔫,夜间恢复,后期茎叶萎垂枯死。病苗枯死立而不倒,故称立枯病。

(2)发病规律　茄子立枯病属于真菌性病害,多发生在育苗的中后期,立枯病的病菌在土壤病残体或腐殖质上越冬,借雨水、流水、土壤、肥料传播。病菌发育的适宜温度为 17～18℃,高湿易于发病。苗床温暖多湿、通风不良、幼苗徒长都会发病。

2. 防治方法

(1)农业防治　加强苗床管理。

(2)化学防治　可喷施75%百菌清可湿性粉剂600倍液或64%杀毒矾可湿性粉剂500倍液或70%代森锰锌可湿性粉剂500倍液,苗期每隔7～10天喷1次,连喷2～3次。

(二)茄子猝倒病

1. 识别要点

(1)发病症状　茄子猝倒病主要在苗期发病。种子发芽后及出土前均可发病。出土前发病即烂种或烂芽。出土后至2片真叶以前,主要发生在茎基部。病苗近地面的茎基部呈水渍状斑点,随即变黄缢缩成线状。子叶没有萎蔫时,幼苗便折倒在地面上,即便在秧苗折倒时,叶片仍为鲜绿色,故称猝倒病。环境潮湿时,在病苗及附近土面上长出一层明显的白色绵状菌丝。

(2)发病规律　茄子猝倒病病菌随病株残体在土壤中越冬,或在腐殖质中腐生。病菌可在土壤中存活 2～3 年,有机质含量多的土壤中病菌较多。病菌靠雨水或土壤中水分的流动传播。气温 15～20℃时繁殖较快。因此,在春季或冬季育苗时,遇到阴雨或下雪天气,或温室的保温性差、通风不良、浇水过多时,猝倒病发病严重。

2.防治方法

(1)农业防治 ①选用抗病品种。根据当地消费习惯及温度条件,选用耐低温或早熟品种,如济南小长茄、辽茄 1 号等耐寒品种等。②苗床农业防治。苗床选地势高燥、排水良好的肥沃地块。在温室内应选多年未种过茄果类蔬菜的园土做床土。播种前加强育苗场所的通风散湿,床土要充分暴晒。出苗后尽量少浇水,以提高地温,并及时通风透光。用无滴膜盖棚室,改善光照条件,利于光合作用,提高幼苗抗病性。

(2)化学防治 ①苗床消毒。每平方米苗床用 65% 的代森锌和 40% 的五氯硝基苯原粉等量混合 7～8 克加 15 千克细土拌匀制成药土,播种前先浇透底水,待水渗下后,取 1/3 药土撒在床面,再把余下的 2/3 药土覆盖在种子上,厚约 1 厘米,使种子夹在药土中间。②幼苗发病后用 75% 百菌清可湿性粉剂 600 倍液喷洒叶面,隔 7～10 天喷 1 次,连喷 1～2 次。

(三)茄子褐纹病

1.识别要点

(1)发病症状 幼苗受害,多在近地面的茎基部形成近似梭形水渍状病斑,以后变为暗褐色,凹陷并收缩。条件适宜时,病斑扩展环绕茎部,幼苗猝倒。叶片受害时,先从底部叶片发病,逐渐向上部发展,叶片上开始产生水渍状褐色斑,中间呈灰白或浅褐色,并轮生许多小黑点;干燥时病斑易开裂,阴雨天易形成穿孔。茎部受害时,病斑为不确定形,有时为水渍状梭形病斑,边缘深褐色,中间灰白色,上生许多小黑点,随病情加重病斑逐渐凹陷干腐,并连接成较长的坏死区。果实受害最严重,病初在果面上产生黄褐色病斑,稍凹陷,圆形或椭圆形,扩展很快,果实呈半软腐状,后期轮生许多小黑点,最后病果腐烂脱落或在枝上干缩成僵果。

茄子褐纹病

(2)发病规律 褐纹病的病菌在土表的植株病残体上越冬,也可以在种子上越冬。种子带菌是幼苗发生猝倒病、立枯病的主要原因,也是远距离传播病菌的途径。田间主要靠雨水、昆虫、田间作业传播蔓延。发病适宜温度为 28～30℃,相对湿度在 85%以上。华北地区 7～8 月高温多雨或高温、高湿时,发病严重。栽培密度过大时也易引起发病。另外,连作、排水不良、土质黏重、氮肥过多及早春茄子定植过晚,发病也重。

2. 防治方法

(1)农业防治　与其他科蔬菜实行轮作 2～3 年。氮、磷、钾肥要配合使用,施足基肥,发现病株、病叶、病果要及时清除。

(2)化学防治　①种子处理。可用 40%福尔马林 100 倍液浸种 15 分,取出后用清水洗净即可备用。②苗床消毒。可用 50%多菌灵可湿性粉剂 10 克,加细土 20 克拌匀,播前用 1/3 药土撒在畦面上,播后用 2/3 药土覆盖。发病初期用 75%百菌清可湿性粉剂 600 倍液或 50%甲基硫菌灵可湿性粉剂 1 000 倍液或 65%代森锌可湿性粉剂 500 倍液,每隔 7～10 天喷 1 次,连喷 2～3 次。

(四)茄子绵疫病

茄子绵疫病

1. 识别要点

(1)发病症状　茄子绵疫病又叫"烂茄子"等。主要危害茄子果实、茎和叶,花器也能受害。果实上最初发生水渍状圆形或椭圆形褐色小斑,迅速扩大并凹陷,至全果腐烂,潮湿时生白色稀松绵霉,内部果肉变黑腐烂,易与花萼脱离。嫩枝上产生水浸状暗褐色斑点,缢缩并凋萎枯死,幼苗感病则发生猝倒症状。

(2)发病规律　茄子绵疫病病菌主要在土壤中的植株病残体上越冬,翌年可直接侵染幼苗的茎或根,或经雨水喷溅到近地面的果实上引起果实发病。病斑上的孢子囊经风雨、浇水进行再侵染。一般 7～8 月,阴雨连绵、天气闷热、低洼窝风、排水不良、生长衰弱时发病重。

2.**防治方法**

(1)农业防治 ①选用抗病品种。如北京九叶茄、北京六叶茄、天津大芪、辽茄3号、丰研1号、济南早小长茄等。②切忌与茄科作物连作。选择地势高燥、排水良好的沙质壤土,高畦或小高垄定植或宽垄密植,施足底肥;及时摘除病老叶并集中处理,不能用来沤肥;雨后及时采收并及时清理病果。

(2)化学防治 发病前或雨季来临前喷药预防1次,发病后,摘除病果病叶,7天左右喷药1次,连续喷2~3次。药剂有1∶1∶160的波尔多液、50%甲基硫菌灵可湿性粉剂1 000倍液、50%克菌丹可湿性粉剂500倍液。发病高峰时可喷施72%杜邦克露可湿性粉剂800~1 000倍液或58%甲霜灵锰锌可湿性粉剂500倍液或64%杀毒矾可湿性粉剂500倍液。

二、茄子主要虫害识别与防治

(一)茄子红蜘蛛

1.**识别要点**

红蜘蛛常聚集在叶片背面,用刺吸式口器刺吸汁液,受害叶片开始为白色小斑点,后褪绿变为黄白色,严重时全株叶片干枯发红似火烧,叶片脱落。果实受害时,果皮变粗,影响品质。

红蜘蛛一年可发生10~20代,成虫潜伏在杂草、土缝处越冬。翌年春季,先在杂草或越冬场所繁殖,再转移到茄子或其他蔬菜上侵害。开始侵害下部老叶,再向上蔓延。华北地区在5月底至7月初侵害重。高温干旱容易大量发生。

2.**防治方法**

(1)农业防治 清洁田园。将茄子地块周围的杂草、枯枝、落叶清理干净,茄子拉秧后,将残枝落叶清理干净,以减少虫源。

茄子红蜘蛛

(2)化学防治 在发生初期用20%三氯杀螨醇乳油1 000倍液或25%灭螨锰可湿性粉剂1 000~1 500倍液或40%环丙杀螨醇可湿性粉剂1 500~2 000倍液或78%克螨特乳油2 000倍液,7天喷1次,连喷2~3次,重点喷叶背,可交替用药。

茄子美洲斑潜蝇危害

（二）茄子美洲斑潜蝇

1. 识别要点

美洲斑潜蝇成虫和幼虫均可危害，以幼虫危害叶片为主。成虫刺吸汁液，幼虫潜入叶片，产生不规则蛇形白色虫道，叶面布满虫道，影响光合作用，严重时叶片脱落。

美洲斑潜蝇繁殖快，世代间隔短，一般夏季15～30天繁殖1代，冬季40～60天繁殖1代。在保护地可周年发生。幼虫在叶片内生活4～7天成老龄幼虫，老龄幼虫咬破表皮后在叶外或土表化蛹。

2. 防治方法

（1）农业防治　与其他科蔬菜轮作、套作、间作。及时清除受害的老叶、枯黄叶，集中销毁。发生初期集中消灭。在田间发现少数叶片受害时，可用灭蝇纸诱杀成虫；因成虫具有趋黄性，可用黄板诱杀。

（2）化学防治　可用18%阿维菌素乳油3 000～4 000倍液或50%的环丙氨嗪预混合粉剂2 000倍液喷雾。每隔7～10天喷1次，连喷2～3次。注意交替用药，防治成虫宜在早晨或傍晚喷药，防治幼虫宜在低龄期，即多数被害虫长度在2厘米以下时进行。保护地可用敌敌畏熏蒸。

三、茄子生理性病害识别与防治

（一）茄子嫩叶黄化

1. 识别要点

（1）发病症状　茄子幼叶呈鲜黄白色，叶尖残留绿色，中下部叶片上出现铁锈色条斑。

（2）发病原因　多肥高湿、土壤偏酸或锰元素过剩，会抑制铁元素的吸收，易导致新叶黄化。

2. 防治方法

喷施含铁元素的微肥；补充钾元素能平衡营养，满足或促进铁元素的供应。

(二)茄子花蕾不开放或子房不膨大

1.识别要点

(1)发病症状 茄子植株花蕾紧缩不开放,影响授粉而成僵果。

(2)发病原因 在寒冷季节,田间缺水,空气湿润,土壤 pH 7.5,土壤中硼的有效性降低;田间有过量的石灰钙,诱发植株缺硼,均可造成花蕾长期不开放。

2.防治方法

叶面上喷施硼砂 700 倍液或氨基酸多肽粉剂。

(三)茄子果实僵化

1.识别要点

(1)发病症状 茄子果实僵硬而不膨大,海绵组织紧密,灰色无光泽,有花白条纹,浇水后成裂果,长不大,品质差。

(2)发病原因 果实膨大时,遇低温弱光和高温强光,果实对氮、钾、硼吸收量增加,磷相对需求量较少。如磷投入量过大,影响钾、硼的吸收,会使果实籽多肉少而僵化。

茄子果实僵化

2.防治方法

磷肥注意施在定植时的幼苗根下,后期每次每亩施纯磷 2～3 千克,结果期主要施入钾肥。

(四)茄子落叶掉果

1.识别要点

(1)发病症状 低温期茄子植株下部叶黄化脱落,高湿期幼果软化自落。

(2)发病原因 ①环境温度长期过低,氮肥和磷肥施入过量,土壤肥料浓度过高,土壤严重缺锌,都会使植株营养不平衡而老化,导致叶柄与茎秆、果柄与果实连接处形成离层而脱落。②花芽分化期,如果肥料严重不足、光照严重不足、土壤过于干旱或过于潮湿、夜间温度偏高、昼夜温差过小,都会形成质量差的短柱花,并自动脱落。③开花期,如果光照严重不足、夜间温度偏高、环境温度大起大落、肥水供应严重不足或者大肥大水,都会造成花朵大量脱落。

2.防治方法

(1)农业防治 加强田间管理,科学合理施肥、浇水、控温,创造适宜茄子生长发育的环境条件。

(2)化学防治 ①对于老化秧苗,可叶面喷施700倍的硫酸锌溶液,或结合浇水每亩追施硫酸锌1千克,以防落促生长。②在茄子现蕾期,每亩喷施0.2%硼酸和1%硫酸锌的混合液50千克,可促进开花、结果,减少落花、落果。③在茄子结果期,叶面喷施0.3%磷酸二氢钾溶液加0.5%过磷酸钙浸出液,可增强植株光合作用,促进开花、结果,减少落花、落果。④低温期可用生长调节剂防止落花、落果。叶面喷施硫酸锌700倍液,也可叶面喷施含锌多的营养元素,防落促长。

茄子裂果

润,防止土壤过干过湿。

(五)茄子裂果

1. 识别要点

(1)发病症状 裂果有萼裂和果裂两种,常见的是果裂。果裂多从果实顶部纵裂。

(2)发病原因 灌水不均,前期过度干旱,后期大量浇水或降水过多是导致裂果的主因。

2. 防治方法

均衡灌水,在茄子生长期保持土壤湿润,防止土壤过干过湿。

(六)茄子日灼果

1. 识别要点

(1)发病症状 果实向阳面出现白色或浅褐色斑,组织坏死、干后革质状。

(2)发病原因 栽植过稀,整枝、摘心、摘叶过重,棚膜水滴在果实上,经阳光照射后吸热而灼伤。

2. 防治方法

为了避免植株生长到高温季节仍不至于封行,应合理密植。适时、适度整枝、摘心、摘叶,避免阳光直射果实。合理施肥、灌水,保持田间湿润而不积水,防止土壤干旱。大棚温度高时,及时通风、适量浇水,使果面及棚内温度下降,同时避免棚膜上水分过多。

茄子日灼果

(七)茄子果实着色不良(以紫茄子为例)

1. 识别要点

(1)发病症状　紫色茄子的颜色为淡紫色或红紫色,有的呈绿色或白色时,商品价值降低。

(2)发病原因　一是气候条件,紫色茄子坐果后遇阴天光照不足,使果实着色不良。二是枝叶的遮挡,果实被枝叶遮挡,只能得到散射光,整个或半个果实着色不好,果实颜色浅淡。三是使用聚氯乙烯薄膜覆盖,阻止了紫外线通过,影响果实着色。

2. 防治方法

在生产上合理密植、合理剪枝,中下部的老叶病叶要及时去除。

茄子果实着色不良

(八)茄子畸形果

1. 识别要点

(1)发病症状　茄子植株出现歪果、偏心果、多心皮果、双身果等畸形果。

茄子畸形果

(2)发病病因　茄子花芽分化期间,在环境温度偏低时,氮肥施用量过大、灌水量过多,或者生长调节剂使用不当时,使植株生长点营养过剩、花芽营养过多、细胞分裂过旺,就会形成畸形果、双子果。

2. 防治方法

①加强温度控制,花芽分化期和花期,白天的环境温度尽量保持在 25~30℃,最高不可超过35℃,最低不可低于15℃;在茄子栽培时,要用地膜覆盖保温、保墒。②加强肥水管理,及时合理施肥浇水,不可过量施用氮肥,不可过量浇水。

第十二章 白菜主要病虫害识别与防治

一、白菜主要病害识别与防治

(一)白菜病毒病

1. **识别要点**

(1)发病症状 发病时叶片表面出现明脉、花叶、皱缩、扭曲、坏死斑、条斑、矮化、畸形。

(2)发病规律 白菜病毒病多发生在幼苗期,特别是在幼苗 6 ~ 7 叶前,连续高温、干旱、蚜虫多的条件下发病重、传播快。

白菜病毒病

2. **防治方法**

(1)农业防治 ①选抗病品种。早熟品种如津秋 65,中晚熟品种如秋绿 75、秋玉 78 等。②重施磷钾肥和有机肥,增加抗性。③适时播种,使幼苗避开高温,苗期多浇水或遮阳降温。

(2)化学防治 ①及早灭蚜(见蚜虫防治)。②发病时用 20% 病毒 A 可湿性粉剂 500 倍液或 15% 植病灵水乳剂 1 000 倍液,每隔 7 ~ 10 天喷 1 次,连喷 2 ~ 3 次。

(二)白菜霜霉病

1. **识别要点**

(1)发病症状 白菜霜霉病主要危害叶片,开始叶片边缘产生不清晰水浸状褪绿斑,随病情发展叶脉附近出现多角形黄褐色病斑。

白菜霜霉病

（2）发病规律 由十字花科霜霉菌侵染所致的真菌性病害，从苗期到结球期均有发病，但以成株叶片受害最重，多发生在发棵期和包心期。气温忽冷忽热、阴雨连绵时发病重，高温、高湿有利于霜霉病孢子囊产生、萌发和侵入。

2.防治方法

（1）农业防治 合理轮作，增施磷钾肥和有机肥，高垄直播。

（2）化学防治 发病时用25%瑞毒霉可湿性粉剂800～1 000倍液或64%杀毒矾可湿性粉剂500倍液或70%代森锰锌可湿性粉剂400～500倍液交替喷施，每周1次。

（三）白菜软腐病

1.识别要点

（1）发病症状 白菜软腐病一般基部先发病，出现水渍状微黄色病斑，开始症状不明显，之后白天植株萎蔫下垂，早晚恢复。几天后病株外叶平贴地面，或失水变干后呈薄纸状紧贴叶球，球外露。严重时叶柄基部或根茎处溃烂，流出黏液，散发出恶臭气味。病菌从伤口或自然孔口侵入。病菌可以潜伏于组织中，储藏期引起烂窖。

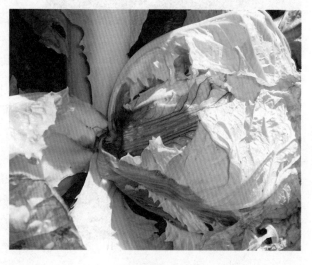

白菜软腐病

（2）发病规律 白菜软腐病为细菌性病害，在田间病株、窖藏种株、土中未腐烂的病残体及害虫体内越冬，随水、肥料、昆虫传播。多发生在大白菜包心期，低洼地水多、气温低发病重。徒长、生长弱的植株易发病，虫多、伤口多的植株发病重。病害一般在薄壁组织中发展，有时也可进入维管束，通过茎及叶脉扩展到全株。发病轻的植株，病菌潜伏于组织中,储藏期引起烂窖。大白菜留种株受害,发病早的可引起整株腐烂,发病较晚的常因短缩茎腐烂而不抽薹,甚至中途死亡。

2.防治方法

(1)农业防治　①及时消灭虫害,防其咬伤植株,进行中耕等操作时避免伤害植株,避免病菌从伤口侵入。②控制田间湿度,雨后及时排水、中耕降湿。③及时拔除病株,并用生石灰消毒。

(2)化学防治　可用72%农用链霉素或氯霉素100～200毫克/升,每亩对水60千克喷防。

白菜炭疽病

(四)白菜炭疽病

1.识别要点

(1)发病症状　炭疽病病菌主要危害白菜叶片及菜帮。病菌危害叶片时,在叶面上病斑近圆形,直径1～2毫米,中央白色膜质,边缘褐色,有时周围叶组织变黄,病斑多时连接成大的病斑,但一般不造成叶片枯死,后期病部往往破裂或穿孔。病菌危害菜帮时,形成梭形凹陷斑,一般主要生于叶背,严重时正面也发生,淡褐色,长1～5毫米,大的可达1～2厘米。斑多时可发展到叶脉分枝处,使叶帮失水并引起叶片干枯,甚至植株死亡。

(2)发病规律　白菜炭疽病为真菌性病害,以病残体在土中越冬,借风或雨水传播。高温、高湿型病害,早播、种植地势低洼、通风透光差的田块,发病重。

2.防治方法

(1)农业防治　①与非十字花科蔬菜隔年轮作。②种植抗病品种。③注意清洁田园。④发病较重的地区应适期晚播,避开高温多雨季节,控制莲座期的水肥。⑤选择地势较高、排水良好的地块栽种。⑥收获后及时深翻土地,加速病残体的腐烂。

(2)化学防治　①种子处理。用50%多菌灵可湿性粉剂拌种,也可在播前用50℃温水浸种10分。②发病初期喷药,常用药剂有25%溴菌腈可湿性粉剂500倍液或70%甲基硫菌灵可湿性粉剂1 000倍液或75%百菌清可湿性粉剂1 000倍液或80%炭疽福美可湿性粉剂800倍液,每隔7~10天防治1次,连续防治2~3次。

二、白菜主要虫害识别与防治

(一)白菜蚜虫、白粉虱

1. 识别要点

蚜虫、白粉虱均以成虫和若虫吸食大白菜汁液,导致被害叶褪绿、变黄、萎蔫,甚至全株枯死;分泌的蜜露严重污染叶片,引起煤污病发生,使白菜失去食用价值;另外,还可传播病毒病。

蚜虫

2. 防治方法

(1)化学防治 可用10%吡虫啉可湿性粉剂2 000倍液或50%抗蚜威可湿性粉剂2 000~3 000倍液或98%巴丹可湿性粉剂2 500倍液交替喷雾防治,每周1次,连喷2~3次,要注意早晚用药,往叶背面喷药。

(2)物理防治 利用蚜虫和白粉虱的趋黄性,在田间设置黄板诱杀,每亩地设置20~25块黄板,固定在木棍上插在菜田中,高度以黄板底部高出植株顶部20厘米为宜。同时要注意清理田间及四周杂草。

(二)白菜其他虫害

白菜其他害虫主要有甜菜夜蛾、小菜蛾、菜青虫。

1. 识别要点

3种害虫均以幼虫食叶危害,菜青虫3龄后可蚕食整个叶片,危害重的仅剩叶脉,严重影响白菜生长和包心,造成减产。甜菜夜蛾主要以初孵幼虫群集叶背吐丝结网,在其内取食叶肉,留下表皮成透明的小孔,4龄以后食量大增,将叶片吃成孔洞或缺刻,严重时仅剩叶脉和叶柄,对产量和品质影响较大。小菜蛾可将菜叶吃成孔洞和缺刻,严重时全叶吃成网状,在苗期常集中心叶危害,影响白菜包心。

2. 防治方法

(1)化学防治 用4.5%高效氯氰菊酯乳油1 500~2 000倍液喷雾防治。

135

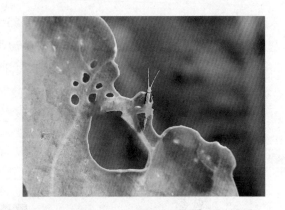

菜青虫　　　　　　　　　　　　　　　　　小菜蛾

（2）物理防治　利用害虫的趋光性，在田间每40～50亩设置一盏频振式杀虫灯或黑光灯诱杀害虫；也可利用甜菜夜蛾、小菜蛾等对性信息素的趋性，在田间每亩地放置一套性诱剂诱杀害虫。

三、白菜生理性病害识别与防治

（一）白菜干烧心病

白菜干烧心病

1.识别要点

（1）发病症状　白菜干烧心病从白菜莲座期开始发生，幼嫩叶片表现干边，到结球期症状明显，叶片上部逐渐变干、黄化，叶肉呈干纸状，叶脉黄褐至暗黑色，发病部位主要在叶球中部。

136

（2）发病原因　白菜干烧心病主要因缺少钙、锰营养元素引起。

2. 防治方法

在生产中注意适当轮作、合理密植、平衡施肥、追施多元素复合肥、防止田间积水。

（二）白菜脱帮

1. 识别要点

（1）发病症状　白菜冬季储藏两三个月后，叶球外部的叶片会逐渐脱落，叶色变黄，若被微生物侵害会进一步腐烂。

（2）发病原因　①有些白菜品种耐贮性较差，造成储藏期大量脱帮。②入窖时一些带有腐烂病、黑腐病的大白菜混入窖内。③入窖前未经晾晒，植株体内水分偏高，入窖后白菜自身呼吸发热引起烂窖。④入窖后没有及时倒翻白菜，窖温过高，或入窖前白菜受冻，气温回升后白菜因脱水而引起腐烂。⑤储藏库（窖）内乙烯含量超过23毫克/升，大白菜组织会加速衰老，促使脱帮和腐烂产生。⑥采收的大白菜受冰冻或机械损伤，亦会引起储藏中脱帮。

2. 防治方法

采收前3～5天，以25～50毫克/千克的2,4-D钠盐水溶液喷施大白菜，以外部叶片几乎全湿为准，可预防脱帮发生。

第十三章
甘蓝主要病虫害识别与防治

一、甘蓝主要病害识别与防治

甘蓝黑腐病

(一)甘蓝黑腐病

1.识别要点

(1)发病症状　甘蓝黑腐病病菌主要危害叶片、叶球和球茎。病菌多从叶片边缘水孔侵入发病,逐渐向内发展,呈"V"字形病斑,出现黄色晕圈,最后使周围叶肉变黄或枯死。病菌进入维管束后,蔓延至球茎部或叶脉及叶柄,引起叶柄和茎腐烂,干燥时形成淡褐色干腐,植株萎蔫,剖开球茎,可见维管束发黑或腐烂。

(2)发病规律　甘蓝黑腐病为细菌性病害,虫害重的田块,发病重。高温、高湿,重茬连作,土壤排水功能差,氮肥施用量大,有机肥、钾肥和微量元素(锌、锰、钼等)施用量少,土壤微生物环境不平衡,都有利于病菌的存活及繁殖。

2.防治方法

(1)农业防治　发病严重的地块与十字花科蔬菜实行2~3年轮作。改善土壤供、排水条件,增施有机肥、磷钾肥和微肥。加强田间管理,适时播种,合理灌溉。

(2)化学防治　①种子处理。用50℃温水浸种20~30分,或用20%农用链霉素可湿性粉剂1 000倍液浸种2小时,冲洗后晾干播种。②大田染病。用50%代森铵800~1 000倍液喷湿土壤或50%多菌灵可湿性粉剂800倍液浇灌苗床或14%络氨铜水剂600倍液或77%氢氧化铜可湿性粉剂500倍液或72%农用链霉素可溶性粉剂5 000倍液喷雾,7~10天1次,连喷2~3次。

(二)甘蓝病毒病

1. 识别要点

（1）发病症状　苗期发病,叶脉附近的叶肉黄化,并沿叶脉扩展。有的叶片上出现直径 2~3 毫米圆形褪绿黄斑或褪绿小斑点,后变为浓淡相间的绿色斑驳。成株发病,嫩叶表现浓淡不均,斑驳,老叶背面有黑褐色坏死环斑,后期容易穿孔。病株结球晚且松散。

甘蓝病毒病

（2）发病规律　高温干旱条件下发病重,尤其是土壤温度高时更易发病。

2. 防治方法

（1）农业防治　①选用抗病品种。②加强田间管理,合理用水,防止地温过高,适期早播,早发。③在畦间悬挂或铺银灰色塑料薄膜可有效地驱避菜蚜,减少传毒媒介。

（2）化学防治　可用 20% 病毒 A 可湿性粉剂 500 倍液或 20% 病毒克星水剂 500 倍液或 5% 菌毒清水剂(甘氢酸汞代衍生物)500 倍液或 15% 植病灵乳剂 1 000 倍液等药剂喷雾。每隔 5~7 天喷 1 次,连喷 2~3 次。

甘蓝软腐病

(三)甘蓝软腐病

1. 识别要点

（1）发病症状　甘蓝软腐病一般结球期发病,病初在外叶或叶球基部出现水浸状斑,植株外层包叶中午萎蔫,早晚恢复,数天后外层叶片不再恢复,病部开始腐烂,叶球外露或植株基部逐渐腐烂成泥状或塌倒溃烂,叶柄或根茎基部的组织呈灰褐色软腐,严重的全株腐烂,病部散发出恶臭味。

（2）发病规律　甘蓝软腐病为细菌性病害,病菌可在田间病株、窖藏种株、土中未腐烂的病残体及害虫体内越冬。随水、肥料、昆虫传播。多发生在中后期，雨水多、气温低发病重。

2. 防治方法

（1）农业防治　①及时消灭虫害，防其咬伤植株；进行中耕等操作时避免伤害植株，避免病菌从伤口侵入。②控制田间湿度，雨后及时排水、中耕降湿。③及时拔除病株，并用生石灰消毒。

（2）化学防治　发病初期选农用链霉素 200 万～300 万单位或新植霉素 4 000 倍液或 14% 络氨铜水剂 350 倍液或 47% 加瑞农可湿性粉剂 700～750 倍液，每隔 10 天喷药防治 1 次，交替用药。发病后期可选用 72% 农用链霉素可溶性粉剂 4 000～5 000 倍液或 77% 氢氧化铜可湿性粉剂 2 000 倍液或 50% 福美双可湿性粉剂 500 倍液喷雾防治。

甘蓝根肿病

（四）甘蓝根肿病

1. 识别要点

（1）发病症状　甘蓝根肿病在幼苗或定植后不久发病，茎基部表皮变为褐色，腐烂，随之根系腐烂，病株很容易被拔出。根部形成肿瘤，地上部分生长缓慢矮小，基部叶片逐渐变黄、枯萎直至死亡。

（2）发病规律　甘蓝根肿病多在早春地膜覆盖的或在小拱棚、塑料大棚中栽培的甘蓝植株上发生，属低温高湿病害，病菌随灌溉水传播。

2. 防治方法

（1）农业防治　加强栽培管理，实行轮作，及时清除病苗，注意排水及施用腐熟的有机肥。

（2）化学防治　发病初期浇灌 10% 治萎灵水剂 300 倍液或 50% 乙蒜素可溶性粉剂 1 000 倍液；或用 5% 菌毒清水剂 400 倍液灌根。

（五）甘蓝灰霉病

1. 识别要点

（1）发病症状　甘蓝灰霉病病斑初呈水渍状，随后扩展腐烂；潮湿时，病部上生有灰色的霉层；干燥时，不长灰霉，虽然腐烂，但没有臭味。

（2）发病规律　甘蓝灰霉病为真菌性病害，该病在低温高湿情况下发病严重。设施栽培时,叶面结露易发病。低洼地、排水不良或浇水过多、不通风、湿度大,发病重。

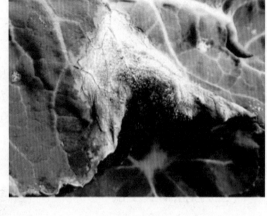

甘蓝灰霉病

2.防治方法

(1)农业防治　高畦覆盖地膜栽培。施足基肥,保持植株健壮生长。保护地生产时要密切注意棚室内温、湿度变化,防止高湿,及时放风排湿,特别是地表湿度不宜太大。及早发现病株,摘除病叶深埋。

(2)化学防治　发病初期及时喷药,可选用50%腐霉利可湿性粉剂1 500倍液或50%异菌脲可湿性粉剂1 200倍液或50%乙烯菌核利可湿性粉剂1 000倍液或40%多硫悬浮剂500倍液或30%克霉灵可湿性粉剂800倍液或65%甲霜灵可湿性粉剂1 000倍液喷雾。每隔7天喷1次,连喷3次。

二、甘蓝主要虫害识别与防治

(一)甘蓝菜青虫

1.识别要点

菜青虫主要取食甘蓝叶片,严重时能把叶肉吃光,仅留下叶脉和叶柄。菜青虫对甘蓝造成的伤口还易招致软腐病等病菌的侵入。

2.防治方法

(1)农业防治　避免连作,清洁田园。

(2)化学防治　大田防治可用50%辛硫磷乳油2 000倍液或25%杀虫双水剂500倍液喷施。气温20℃以上时,可用Bt乳剂500~800倍液喷雾防治。

(二)甘蓝小菜蛾

1.识别要点

受害甘蓝幼苗生长畸形,不能包心,生长中后期将甘蓝叶食成孔洞,严重时全株被吃成网状,导致甘蓝千疮百孔,不能正常生长,影响其产量和品质。

甘蓝小菜蛾幼虫

2.防治方法

(1)农业防治　避免连作,及时处理田间残株落叶。

(2)化学防治　用 Bt 乳剂每亩 400 毫升按要求稀释后喷施。

(3)物理防治　利用小菜蛾成虫具有趋光性的特点,在菜田中安装黑光灯、频振式杀虫灯诱杀成虫。每 5～10 亩菜田安装 1 盏黑光灯或频振式杀虫灯。要注意每日清理死虫。

(三)甘蓝斜纹夜蛾

1.识别要点

白菜斜纹夜蛾以幼虫钻入叶球,取食叶肉,并排泄粪便,可造成整株腐烂。幼虫体长 33～50 毫米,头部黑褐色,胸部颜色多变,从土黄色到黑绿色都有,体表散生小白点。

2.防治方法

(1)农业防治　蔬菜收获后及时深翻土壤可深埋部分蛹。根据幼虫 2 龄前群集危害习性,及时摘除卵块和纱窗状被害叶。

甘蓝斜纹夜蛾幼虫

(2)化学防治　选用 37.5% 拉维因悬浮剂 45～50 毫升/亩,按要求稀释后喷施,或用 25% 联苯菊酯乳油 3 000 倍液喷施。

(3)物理防治　诱杀成虫,发蛾高峰期用糖、酒、水、醋按 3∶1∶2∶4 比例加少量敌百虫配成糖醋液诱杀。

第十四章
白萝卜和胡萝卜主要病虫害识别与防治

一、白萝卜和胡萝卜主要病害识别与防治

萝卜常见的病害主要有软腐病、霜霉病等。

（一）白萝卜软腐病

1. 识别要点

（1）发病症状　白萝卜软腐病主要危害根、茎、叶柄或叶片。根部染病常始于根尖，初呈褐色水浸状软腐，后逐渐向上蔓延，使心部软腐溃烂成一团。叶柄和叶片染病，亦先呈水浸状软腐。遇干旱后停止扩展，根头簇生新叶。病部与健部界限分明，常有褐色汁液渗出，致整个萝卜变褐软腐。

白萝卜软腐病

（2）发病规律　白萝卜软腐病病菌在土壤或病残体上或在未腐熟的土杂肥内越冬，翌年病菌通过雨水及虫伤或农事操作造成的伤口传播蔓延，高温多雨、连作或早播、低洼地块、排水不良、肥料未腐熟及人为伤口和虫伤多发病严重。

2. 防治方法

（1）农业防治　①选择无病地

白萝卜软腐病根部危害

143

种植,与非十字花科蔬菜进行 3 年以上轮作,起垄栽培。②选用抗病品种,并及时播种。③加强肥水管理,有机肥必须腐熟,不宜大水漫灌,雨后要及时排除。

(2)化学防治　①种子处理。用种子重量 1% ~ 15% 的农抗 751(中生菌素)拌种。②苗期防治。用 1% ~ 15% 的农抗 751(中生菌素)喷淋或浇灌 2 ~ 3 次。③发病初期喷洒 72% 农用链霉素可溶性粉剂 3 000 ~ 4 000 倍液或 14% 络氨铜水剂 300 ~ 350 倍液,每隔 10 天左右喷 1 次,连喷 2 ~ 3 次。

(二)白萝卜霜霉病

1. 识别要点

(1)发病症状　白萝卜霜霉病在苗期至采种期均可发生,病害从植株下部向上扩展。发病初期,叶面出现不规则褪绿黄斑,后渐扩大为多角形或不规则的黄褐色病斑,直径 3 ~ 7 毫米,湿度大时,叶背或叶面长出白霉,严重的病斑连成片致叶片干枯。茎部染病,现黑褐色不规则状病斑,且上面生出白色霉状物。根部发病,受害病部产生灰黄色至灰褐色稍有凹陷的斑痕,储藏时,极易引起腐烂。种株染病,多危害种荚,病部呈淡褐色不规则斑,上生白色霉状物。

白萝卜霜霉病

(2)发病规律　白萝卜霜霉病为真菌性病害,苗期至采种期都可发病,主要危害叶片,其次是茎、花梗和种荚。发病时先从外叶开始,叶正面出现淡绿色至淡黄色的小斑点,后逐渐扩大为多角形黄褐色病斑,湿度大时,叶背面产生白霉(病原菌的繁殖体),严重时病斑连片使叶片干枯。茎部染病,呈现黑褐色不规则斑点;花梗、种荚染病,病部呈淡褐色不规则斑,上生白色霉状物。

2. 防治方法

(1)农业防治　①选用抗病品种,与非十字花科作物隔年轮作。②前茬收获后清除病叶,及时深翻。发病初期,及时拔除病叶或病株。③适期播种,不宜早播。

(2)化学防治　①种子处理。播种前用 50% 福美双可湿性粉剂拌种。②大田防治。发病初期,可用75%百菌清可湿性粉剂600倍液或50%灭菌丹可湿性粉剂500倍液或25%甲霜灵可湿性粉剂800倍液,每隔7~10天防治1次,连续防治3~4次。

(三)胡萝卜软腐病(参见白萝卜软腐病)

胡萝卜软腐病

(四)胡萝卜黑斑病

1.识别要点

(1)发病症状　胡萝卜黑斑病主要危害叶片、叶柄和茎。叶片发病,病斑多发生在叶尖或叶缘,呈不规则深褐色至黑色斑,周围组织略褪色,湿度大时病斑长出黑色霉层,严重的病斑汇合,叶缘上卷,叶片早枯,茎上的病斑为黑色稍凹陷长圆形。

(2)发病规律　胡萝卜黑斑病为真菌性病害,在种子或病残体上越冬的菌丝或分生孢子是翌年初侵染源,发病后病菌借助气流传播进行再侵染,雨季中长势弱的田块发病重,发病严重时叶片大量早枯死亡。

2.防治方法

(1)农业防治　从无病株上采种,实行2年以上轮作,加强田间管理,增施底肥,使植株生长健壮,增强抗病力。及时清洁田园,集中病残体深埋或烧毁,以减少初侵染病源。

(2)化学防治　①种子处理。用种子重量0.3%的50%福美双可湿性粉剂拌种,或用58%甲霜灵·锰锌可湿性粉剂或75%百菌清可湿性粉剂拌种,以消灭种子上的菌源。②大田防治。发病初期用75%百菌清可湿性粉剂600倍液或58%甲霜灵·锰锌可湿性粉剂500倍液或50%多菌灵可湿性粉剂800倍液喷雾,隔7~10天喷1次,连续喷3~4次。

二、萝卜主要虫害识别与防治

萝卜常见的虫害有蚜虫、菜青虫、钻心虫、黄条跳甲等。

(一)萝卜蚜虫

1. 识别要点

萝卜蚜虫以成虫或若虫群集在幼苗、嫩叶、嫩茎和近地面叶上,以刺吸式口器吸食寄主的汁液。由于萝卜蚜繁殖力强,危害密集,使寄主作物严重失水和营养不良,造成叶面卷曲皱缩,叶色发黄,难以正常生长,危害种株时引起花梗扭曲、畸形、种子不实,严重影响产量。

2. 防治方法

(1)化学防治　可选用50%抗蚜威可湿性粉剂3 000倍液或10%吡虫啉可湿性粉剂1 000倍液。

(2)物理防治　用银灰色、乳白色、黑色地膜覆盖地面50%左右,有驱蚜防病的作用。

萝卜菜蛾幼虫

(二)萝卜菜蛾

1. 识别要点

初龄幼虫潜叶危害,钻食叶肉,留下上下2层表皮或在叶柄、叶脉内蛀食,2龄后在叶上取食,只留下1层表皮,较大的幼虫会把叶片咬成小孔洞,幼虫喜在幼苗心叶上危害,影响幼苗发育,在留种株上危害时取食嫩叶、嫩茎、嫩荚和嫩籽,影响种子产量。

2. 防治方法

(1)农业防治　避免与十字花科蔬菜全年连作,早、中、晚品种与其他蔬菜配搭种植,并间隔一定的距离,防止虫害连续发生严重危害。收获后及时清除残枝落叶,并带出田外,埋或烧毁,消灭幼虫和蛹,以减少田间虫口密度。

(2)化学防治　在幼龄期及时喷药,可用氯氰菊酯乳油3 000倍液或80%敌敌畏乳油1 000倍液或90%晶体敌百虫乳油3 000倍液喷雾,还可用25%灭幼脲悬浮剂2 000~2 500倍液。

（3）物理防治　在田间安装黑光灯诱杀成虫，以减少田间虫源。

三、白萝卜生理性病害识别与防治

（一）白萝卜畸形

1. **识别要点**

（1）发病症状　果实畸形、分叉。

（2）发病原因　土壤耕作层太浅，耕作层板结；根下有石块、砖头等；施用未充分腐熟的有机肥；施用肥料不均匀；有机肥中尿素含量过多；施用尿素肥料直接接触直根；浇水过勤、过大、过多，土壤透气不良，造成土壤板结。

白萝卜畸形

2. **防治方法**

①改进灌溉技术，均衡供水，在肉质根膨大阶段使土壤保持一定湿度，不过干过湿。②改进耕作技术，深翻土壤，细致整地，加深活土层，清除耕层中的石块、砖头等杂物，不留土块。

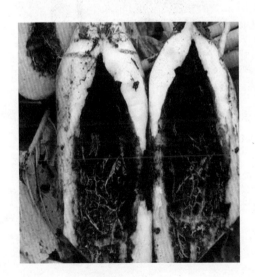

白萝卜黑心

（二）白萝卜黑皮和黑心

1. **识别要点**

（1）发病症状　白萝卜皮发黑或者皮白色内部变黑。

（2）发病原因　施用未充分腐熟的有机肥；土壤板结、坚硬，通气不良；生长期灌水太多，产生沤根，部分组织缺氧，黑腐病危害。

2. **防治方法**

使用腐熟的有机肥，深翻土地使土壤疏松，生长期不积水，及时防治黑腐病。

(三)白萝卜辣味过浓

1. **识别要点**

（1）发病症状　果实比正常白萝卜辣味重。

（2）发病原因　天气干旱，土壤长期缺水；有机肥施用不足；过多施用氮素化肥；品种因素。

2. **防治方法**

①选用优良杂交种。在生产中，注意选择绿皮辣味轻、苦味轻、根入土较浅、肉质密的品种。②选择适宜的播期。生食白萝卜秋季应适当晚播，春白萝卜播期不宜太早。③选择土层深厚、疏松的土壤。施用充分腐熟的有机肥料，均匀施肥，增施磷钾肥，配方施肥。④合理浇水，切忌忽干忽湿。天气干旱时应注意及时浇水，保持地面湿润。

(四)白萝卜裂根

白萝卜裂根

1. **识别要点**

（1）发病症状　果实裂开。

（2）发病原因　天气长期干旱，土壤长期干燥，如果突浇大水或遇大雨，根迅速生长，易发生裂根。

2. **防治方法**

针对发病原因，参考白萝卜辣味过浓防治方法。

（五）白萝卜糠心

1. 识别要点

（1）发病症状 白萝卜内果肉松散、水分少、纤维多。

（2）发病原因 土壤温度过高，干旱，导致呼吸作用强；收获过晚；储藏中高温干燥；土壤缺钾；种植过早，易"先期抽薹"造成。

2. 防治方法

针对形成的原因，参考白萝卜辣味过浓防治方法。

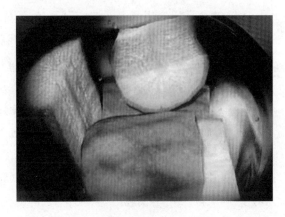

白萝卜糠心

（六）白萝卜苦味

1. 识别要点

（1）发病症状 白萝卜口感发苦。

（2）发病原因 天气过于高温、干旱；施用氮肥偏多；土壤中缺磷。

2. 防治方法

针对发病原因，参考白萝卜辣味过浓防治方法。

四、胡萝卜生理性病害识别与防治

（一）胡萝卜畸形

畸形胡萝卜

1.识别要点

（1）发病症状　胡萝卜弯曲、畸形、分叉、瘤子。

（2）发病原因　①采用陈种子栽培时，因陈种子的生活力弱，发芽不良，影响幼根先端生长，而产生分叉、弯曲的异形根。②土壤黏重或土中有砖石、树根、废塑料薄膜等杂质，使胡萝卜的生长受阻而产生异形根。③施用新鲜厩肥，肥料在土壤中发酵、发热，或化肥使用浓度过高，胡萝卜的主根在土中受损以后产生侧根，地上部分积累的养分储藏在侧根中，而形成胡萝卜的异形根。④间苗过晚或定苗过密、过稀时，根系生长拥挤，主根弯曲。⑤营养面积过大，主、侧根同时肥大，都会形成胡萝卜的异形根。⑥土传病虫害如线虫病、蛴螬、蝼蛄类危害主根，主根受伤以后植株地上部分积累的营养物质储藏到侧根中产生叉根。

2.防治方法

①使用新鲜的、充分成熟的种子。②土壤必须深耕细作，拣去树根、砖瓦、石块、旧薄膜等杂质，种子播在深沟高畦、排水良好的土壤中。③不施未经腐熟的基肥和浓度过大的化肥。④及时间苗，保证幼苗应有的营养面积，促进主根正常生长。⑤在土壤病虫害较多的地区，播种前施用杀虫剂或杀菌剂，防止地下病虫害的发生。

（二）胡萝卜肉质根开裂

1.识别要点

（1）发病症状　胡萝卜果实开裂。

（2）发病原因　生长期内土壤供水不匀所致，尤其是生长初期遭受干旱，表皮硬化，内部细胞分裂缓慢，而生长中后期由于下雨或大水猛灌，水分增加过快。

胡萝卜肉根开裂

2.防治方法

①生长期要保持土壤湿润，避免前期干旱，后期大水。②裂根一般都发生在生长后期，收获不能过晚。

（三）胡萝卜肉质根着色不良

1.识别要点

（1）发病症状　胡萝卜着色浅或着色不匀。

（2）发病原因　胡萝卜着色的好坏与温度、土壤等生产条件有关。一般温度低于16℃或高于21℃，胡萝卜肉质根形成不良、着色差。土壤坚实，空气少、排水不良，则着色差。

2.防治方法

①要保证胡萝卜果实形成期间的温度在16~21℃为最好。②保证土壤排水良好、空气充足、通透性好。③提高土壤中钾、镁含量,可提高胡萝卜的着色度。

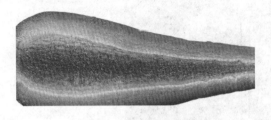

胡萝卜中心柱增粗

(四)胡萝卜肉质根中心柱增粗

1.识别要点

(1)发病症状　胡萝卜中心柱明显增粗。

(2)发生原因　①品种不同而有差异。②植株生长旺盛、叶数增多、腋芽发生早而发达使胡萝卜肉质根粗大,中心柱也随之大而发达。

2.防治方法

①选择合适的品种。②栽培中根据不同的品种保持合适的株行距。

(五)胡萝卜肉质根表皮出现的生理性病害——病斑

胡萝卜根皮病斑

1.识别要点

(1)发病症状　胡萝卜的根部产生不规则形的黑色斑点。

(2)发病原因　土壤干燥、施肥过浓、土壤酸性或碱性较强、含钾或铵离子过多的条件下,钙的吸收受到阻碍,常会引起缺钙症,表现为根部黑色斑点。

2.防治方法

针对发病的原因,保持土壤湿润,改善土壤酸碱性,补充钙离子即可避免发病。

（六）胡萝卜肉质根表皮出现的生理性病害——青肩

胡萝卜青肩

1. **识别要点**

（1）发病症状　表现为胡萝卜的肩部青色。

（2）发病原因　行距和株距过大,肉质根长大后肩部露出土表,受阳光照射后变成青色,为青肩胡萝卜。

2. **防治方法**

定植时根据不同的品种选择合适的株行距。